反惰性
50个方法让你具有超强行动力

[日]塚本亮 著

陶思瑜 译

本书根据各种行动力提升场景分为四部分：第一部分是提升工作行动力的方法；第二部分是提升学习行动力的方法；第三部分是提升身材管理行动力的方法；第四部分是提升缓解日常疲劳的假日行动力的方法。

如果读者能够践行本书中的行动力提升方法，就能让自己的每一天都变得更加朝气蓬勃、活力满满，从而精力充沛地工作，达成希望目标等。

YABAI MOTIVATION
Copyright©2020 Ryo Tsukamoto
Original Japanese edition published by SB Creative Corp.
Simplified Chinese translation rights arranged with SB Creative Corp.,
through Copyright Agency of China.

本书由SB Creative Corp.授权机械工业出版社在中华人民共和国境内（不包括香港、澳门特别行政区及台湾地区）出版与发行。未经许可的出口，视为违反著作权法，将受法律制裁。

北京市版权局著作权合同登记　图字：01-2021-4231号。

图书在版编目（CIP）数据

反惰性：50个方法让你具有超强行动力 /（日）塚本亮著；陶思瑜译. — 北京：机械工业出版社，2021.10（2022.5重印）
ISBN 978-7-111-69256-0

Ⅰ.①反… Ⅱ.①塚…②陶… Ⅲ.①成功心理–通俗读物 Ⅳ.①B848.4-49

中国版本图书馆CIP数据核字（2021）第200951号

机械工业出版社（北京市百万庄大街22号　邮政编码100037）
策划编辑：刘怡丹　　责任编辑：刘怡丹
责任校对：李　伟　　责任印制：李　昂
联兴盛业印刷股份有限公司印刷

2022年5月第1版第2次印刷
145mm×210mm・7.625印张・3插页・115千字
标准书号：ISBN 978-7-111-69256-0
定价：59.00元

电话服务	网络服务
客服电话：010-88361066	机　工　官　网：www.cmpbook.com
010-88379833	机　工　官　博：weibo.com/cmp1952
010-68326294	金　书　网：www.golden-book.com
封底无防伪标均为盗版	机工教育服务网：www.cmpedu.com

序　言

许多人在得知我是从英国剑桥大学毕业的研究生后，都会问道："你好聪明啊。你肯定从小就学习很好吧？"

要真是这样就好了，可惜事实并非如此。

我上小学和初中时，成绩都是班里最差的。如果仅仅是学习不好也就罢了，进入高中后，我还成了问题学生，开始跟高年级或者同年级的差生混在一起。到学校办公室被训话、请家长来校谈话都是家常便饭。最后，还制造了一起影响恶劣的大事件——与同学在学校因争执大打出手，周围50个同学也被卷入其中。我因此在还有两个月就要高中毕业时，受到了学校停课两周的处分。

事情就是这样，小时候的我根本不聪明。

这个处分让我明白，再这么下去就要完蛋了，我必须做出改变。停课两周的处分成为我立志洗心革面的契机。

那时候能够改变我的事情，只剩下学习了。我下定决心要从厌学变成好学。我认为，若要真正改变自己，

反惰性
50个方法让你具有超强行动力

那就必须取得让所有人都刮目相看的成果，即考上知名大学。

我生长于京都。在我看来，日本的顶尖大学就是京都大学。所以，"我要上京都大学"。但要上京都大学，对于当时的我来说谈何容易。因为报考国立大学，必须通过日本中心考试（类似于中国的高考），而且会考我最不擅长的数学。

我只好将目标锁定为私立大学。经过各种调查，我把同志社大学设为我的第一志愿报考学校。同志社大学与关西大学、关西学院大学、立命馆大学并列为关西地区几所最好的私立大学。

然而，高二结束时，我的偏差值㊀只有30左右。当时，同志社大学的文科偏差值最低要求63至65。我必须在一年内提高偏差值30以上才能考上同志社大学。对于我来说，这是一个非常难的目标。

但最后，我还是一次性通过了考试，以应届生身份

㊀ 偏差值即标准分。换算公式为：标准分＝（学生某科目考试卷面得分－该科目统考平均分）÷标准偏差×10+50。偏差值可以帮助确定学生的成绩在群体中的位置，判断学生学力高低，并成为学校录取的依据。——译者注

序　言

考上了同志社大学。大学毕业后，我想去国外的大学读研究生。我选择去了英国，成为剑桥大学的研究生。

行动力不需要意志力

当人们听完我的经历后，大多会这么说："你很能吃苦吧。"

一说到勤奋的人，人们都会觉得他们很能吃苦耐劳。这些人的意志力非常坚强，无论发生什么事情，他们都能咬紧牙关坚持下去，凭借顽强的毅力渡过难关。

如果真是这样就好了，但实际情况并非如此。我的意志力其实很弱。我要是意志力强的话，就不会和那些差生混在一起了。

那么，原本偏差值 30 左右的我是怎么考上同志社大学和剑桥大学的呢？其实就是我的"机制创造"恰好奏效了。

我为了能够考上心仪的大学而坚持学习，并不是因为我比别人更"想学习"，而是因为我创造了"想学习"的"机制"。

人类的意志力是不可靠的。无论是工作、学习还是兴趣爱好，想要在某一方面取得成绩，意志力是最不可靠的。人是不可能依靠意志力来做成某事的。

换句话说，那些被称为实干家的人、能够朝着一个目标不断努力的人以及能够坚持不懈的人，他们都拥有做事的"机制"。他们不是靠意志力去做事，而是根据"机制"去做事。

以早起为例。想仅凭借意志力早起，是很难做到的。因为人在清晨都会觉得很困，不想起来。人不可能有意识地迫使自己使用意志力。因此，要想早起，就必须设定闹钟。这就是一个针对起床的"机制"。如果早上5点钟耳边响起闹钟声，身体就会顿时清醒。但是，如果此时没有必须起来的理由或者"想起来"的理由，那么在大多数情况下，闹钟会被摁掉，而人还是会继续躺在床上。

但是，如果与喜欢的人约定了早上6点钟在公园集合一起散步、慢跑的话，你会怎么做呢？或者与喜欢的人约定了清晨在绿化很好的公园一边喝咖啡一边学习的话，你又会怎么做呢？你肯定会非常期待早起吧。这样一来，必须早起就变成了"想早起"。在这种情况下，与喜欢的人在早上见面的约定就变成了早起的"机制"。

换言之，能够坚持不懈做某件事的人，并不是他们的意志力特别强，而是拥有许多能够激发"我要做""我想做"的做事行动力的"机制"。人是情绪化的动物，即使决心要做的事，也总是坚持不下去，甚至根本就不会产生"我想做"的想法。

可能有很多人感叹自己很容易丧失行动力。其实，那不是你的错，而是你还没有激发自己做事行动力的"机制"而已。若可以尽可能多地创造和掌握"机制"，任何人都能自然地拥有做事的行动力。

我的行动力机制

我之所以能考上同志社大学和剑桥大学的研究生，是因为我制定了许多可以让我"想学习"的"机制"。

比如说，备考剑桥大学研究生时，在我制定的众多"机制"中，有一个就是树立许多好的竞争对手。

为了能够通过研究生入学考试，我在英国上了预科学校，在那里非常幸运地遇到了许多有着同样目标的小伙伴。

在英国，想要通过研究生入学考试，就必须要参加教授们的面试。这个面试需要考生穿西装。但当时我没有西装，也没有钱买新西装。这个时候，我的好伙伴们向我伸出了援手。鞋是意大利朋友借我的，领带是韩国朋友借我的，西装外套和裤子是中国台湾朋友借我的。就这样，我总算顺利通过了治学严谨、著作等身的发展心理学老教授和年轻的神经心理学教授的面试。好伙伴们的存在，让我在留学期间充满了行动力。

实际上，已经有科学研究证实了好伙伴们的存在是能够给人以力量的。社会心理学家罗曼·特里普莱（Roman Triplet）通过实验发现，自行车运动员与其他人一起骑行时的速度比自己单独骑行时的速度更快。另外，还有实验证明，多人一起摇动鱼竿转轮时的效率比一个人摇动的效率更高。

备考时，我一般都会使用定时计时器。比如，我打算"30分钟内必须做完这一页题"，我就会设定计时器。如果能在设定的时间内集中精力完成解题，我就会很有成就感，觉得神清气爽。这种快感和想更加爽的心情相互作用，让我根本停不下来，只想继续学习。其实，这就是把学习活动变成与时间竞赛的游戏。这种目标替换法在心理学上已经得到验证，是一种有效的"激发行动力的方法"。

当初，我在制定自己的学习"机制"时，从来没有想过这样做在心理学上是否正确。我只是一直在绞尽脑汁想办法，努力让意志力薄弱的自己能够坚持学习，让自己能够变得"想学习"。

当我进入剑桥大学正式开始学习心理学后，我才发现，当初我制定的各种针对学习的"机制"，从心理学专业来看，实际上都是正确的。在学习心理学的过程中，我知道了"如果拥有某种心理，在某种情景下是无法激发做事的行动力"。

基于"科学依据和 6000 人的实践"制定的无敌法则

我将在本书介绍提升学习、工作、健康管理等行动力的方法。

所有的方法都是基于我在剑桥大学学到的26条心理学原理，以及斯坦福大学、哈佛大学、哥伦比亚大学等21所世界知名研究机构的研究结果。我将解释所有的方法所依据的心理学原理（例如强迫性思维、工作刺激、支架式教学理论、沉没成本的诅咒等）及其科学证据。大多数方法也都是我亲身实践过的。正是借助这些方法，我考上了研究生，并且成功减肥。

我现在在京都经营一所语言学校。目前已累计指导了 6000 人，帮助 400 多名学生考上了剑桥大学、伦敦大学等世界顶尖大学。我不仅教学生们英语，还教学生们使用本书中介绍的行动力提升方法。许多学生因此登上了海外世界大舞台，人生发生了巨大的变化。

我再次重申，能不能提升行动力和维持这种行动力，与个人能力及其意志力的强弱没有关系，只与是否知道提升行动力的方法、是否知道促使自己行动的"机制"有关。

本书根据各种行动力提升场景划分为四部分。

第一部分是提升工作行动力的方法；

第二部分是提升学习行动力的方法；

第三部分是提升减肥、身材管理行动力的方法；

第四部分是提升缓解日常疲劳的假日行动力的方法。

另外，本书不仅介绍了让人从"没有行动力的状态"变成"充满行动力的状态"的行动力提升方法，还介绍了许多让有行动力的人更加活力四射的方法。

如果读者能够践行本书的行动力提升方法，就能让自己的每一天都变得更加朝气蓬勃、活力满满，从而精力充沛地工作，促进身体健康，达成希望目标等。

塚本亮

目 录

序言

第一部分　从清晨 7 点钟开始充满活力——超强工作

| 01 | 清晨冲一个 43 摄氏度的热水澡 | ...002 |
| 迅速消除起床后的困倦 |

01　清晨冲一个 43 摄氏度的热水澡　...002
　　迅速消除起床后的困倦

02　只要走出家门，事事皆能如意　...006
　　一个奇特的方法让你轻松拥有行动力

03　早上吃心仪面包店的羊角包　...010
　　从星期一开始就"活力四射"的秘密

04　偶遇熟人时打个招呼　...014
　　原来交流具备如此魔力

05　把便签变成激励自己的催化剂　...021
　　原来自己的潜能无限大

06　早上"朝气蓬勃"地道歉　...026
　　推延令人郁闷的工作会消耗大脑的活力

反惰性
50个方法让你具有超强行动力

07 仔细甄别"不想做的工作" ...030
　　 提前预测可能出现的障碍或困难

08 从最想做的项目着手 ...034
　　 高效工作的九成动机是顺序而非内容

09 先做感兴趣的工作 ...039
　　 让无聊的任务变得有趣

10 越是紧张越要放平心态 ...044
　　 "放平心态的能力"是最强大的行动力

11 不要马上投入工作 ...049
　　 一分钟的准备可以达到"事半功倍"的效果

12 戴上史蒂芬·乔布斯的面具 ...053
　　 模仿他人，消除胆怯心理

13 神奇的5分钟绿色运动 ...057
　　 凭此消除午餐后的困倦

14 采用计时游戏方式完成下班前的工作 ...061
　　 更换任务目标，让工作顺利结束

第二部分　变得想要废寝忘食地学习——
　　　　　　超强学习

15 先随意"翻看"昨天读过的内容 ...066
　　 简单的目标也可以激发行动力

16 只要读完三行字就是你的胜利 ...070
　　 凭此解决三分钟热度问题

目录

17 不要把参考书放进书架里 ...076
  有意把参考书放在随处可见的地方

18 逃到步行5分钟路程的咖啡店去 ...080
  "假想监视者"会让学习效率倍增

19 集中学习1小时后就放松10分钟 ...085
  这才是正确的休息方式

20 不看参考书上的最后3个问题 ...089
  敢于戛然而止,反而能激发做题的欲望

21 完成一个课题后就召唤"精灵" ...093
  激发行动力的奖励与消耗行动力的奖励

22 用大脑生动描绘自己的美好未来 ...097
  仅仅在脑海里想象理想是没有用的

23 使用没有格子的"纯白"笔记本 ...101
  找到激发行动力的"动力开关"

24 将买了却没读过的书放进包里 ...106
  只要增加看见的频率,就能激发阅读的欲望

25 关注备考相同考试考友的推特 ...110
  手机也能变成最有力的伙伴

26 选择善于倾听的人作为自己的商量对象 ...114
  不要找不擅长提出建议的人商量

XIII

第三部分　保持头脑 24 小时清醒，
　　　　让身体状态达到巅峰——
　　　　超强体魄

27 想象自己的照片墙美照　　　　　　...120
　　开始运动时 1% 的付出决定 99% 的减肥成效

28 关注社交网络上的运动达人　　　　...123
　　目标设定无须过高

29 除了体重，更要关注多项指标　　　...127
　　减肥时的"体重"变化并不总是正确的

30 提前支付 6 个月的健身房费用　　　...133
　　反向利用"沉没成本"心理

31 购买特别中意的运动衣　　　　　　...137
　　看似寻常的行为具备超大的能量

32 穿着运动衣睡觉　　　　　　　　　...141
　　一箭双雕解决"不想运动"和"不想起床"问题

33 前一天晚上不洗头　　　　　　　　...145
　　感觉"不愉快"可以驱使人采取行动

34 在健身房里边看电视边跑步　　　　...149
　　巧妙地给没耐性的"内心"尝甜头

35 下决心"吃一周垃圾食品"　　　　...153
　　把想改掉的习惯变为"义务"而非"禁忌"

36 如何戒掉深夜暴食　　　　　　　　...156
　　很遗憾意志力是靠不住的

37	约朋友一起晨跑锻炼	...159
	"他人"的存在能戏剧性地激发潜能	
38	敢于主持结婚典礼	...164
	"别人的凝视"是最有效的鞭策	

第四部分 彻底消除累积的疲劳——超强放松

39	休息日沉浸在格雷伯爵茶的温暖里	...170
	人的"内心"最喜欢温暖的饮品	
40	认真洗手	...173
	洗手具有远超杀菌的奇特效果	
41	在阳光的沐浴下做运动	...176
	即便有难度，也是有效果的	
42	舒展肩胛骨	...181
	提高行动力的最有效运动	
43	在未知的世界里遭遇未知	...185
	全新的刺激可以促使行动力爆发	
44	每月带朋友去一次寿司店	...189
	为他人花钱可以提升自己的幸福感	
45	经常与朋友聚会交谈	...192
	交流可以激发你的行动力	
46	支持热爱的足球队	...196
	观摩运动也有运动的效果	

反惰性
50个方法让你具有超强行动力

47	在星期一安排一点愉快的行程	...201
	改变"蓝色星期一"的奇特方法	
48	通过阅读,体验富足人生	...205
	书籍对人的行动力的影响超级大	
49	每周一次唤醒内心的佛祖	...209
	无须努力的简单身体放松法	
50	在消极话语后面加上"不过"二字	...212
	口头禅的惊人效果会让你大受震撼	
	结语	...216

**特别附录 忙碌时,只要这样做,
就能让人的做事行动力倍增**

超强行动力要点总结 ...220

第一部分

PART 1

从清晨 7 点钟开始充满活力——
超强工作

01

清晨冲一个
43 摄氏度的热水澡

迅速消除起床后的困倦

01
清晨冲一个43摄氏度的热水澡

可以毫不夸张地说,是"早起"改变了我的人生。我在早上要做的事情之一就是"冲一个43摄氏度的热水澡"。

我是从读高三时开始早起的,基本上能够做到在早上5点钟起床开始学习。当家人们都在睡觉时,家里非常安静,我一个人坐在书桌前学习,会明显感觉到自己可以看懂之前不太理解的教科书和参考书的内容。

打开习题集,之前不擅长的问题,现在也能轻松解答了。于是,我明白了,"头脑清醒原来就是这种感觉"。晚上学习时,即使自己不困,觉得"有行动力!",但也没有早上学习时的那种思维灵活敏捷的感觉。自此以后,我开始充分利用早上的时间进行学习或工作,这最终也助力我考上了剑桥大学的研究生。

从高中开始,我一直坚持早上起床后马上去冲一个热水澡的习惯。热水的温度在夏天是40摄氏度,在冬天是 43 摄氏度。水温一般维持在让身体觉得"有点热"的程度，并且使用自己喜欢的香味的洗发水和沐浴露，冲 5~10 分钟。冲澡不仅能洗掉睡觉时身上排出的汗液，让身体感觉清爽，从神经心理学上讲，还能唤醒身体。

我们的身体里有控制内脏、血管、呼吸、出汗等各种官能的自律神经。自律神经中包括交感神经和副交感神经。交感神经一般在工作学习时变得活跃，副交感神经一般在身体放松休息时变得活跃。睡觉时，副交感神经占据上风，这种状态会延续到刚起床时。也就是说，即使人的大脑醒来了，但身体还处在睡眠状态。为了让身体也跟着大脑一起醒来，就需要迅速冲一个"有点热"的热水澡来唤醒身体。

为什么洗澡水必须要"有点热"呢？这是因为，如果冲一个体感温度合适的温水澡，反倒会让身体更加放松，导致副交感神经更为活跃，无法达到唤醒身体的效果。为了能够让人顺利地从副交感神经控制的睡眠状态过渡到交感神经控制的清醒状态，冲澡时必须注意水的温度和洗澡时间，否则会适得其反。

另外，选择自己喜欢的香味的洗发水和沐浴露也是要点。人类具有五种感觉——视觉、听觉、触觉、味觉和嗅觉。五种感觉中唯一与情感、记忆直接相连的就是嗅觉。人类闻到自己喜欢的香味时,意识会集中到香味上,大脑将得以焕然一新。

我现在已经把早上的冲澡和"体重管理"结合起来进行。每天早上"称体重"的确有点麻烦,但是洗澡前要脱衣服,正好顺便称个体重,就能省掉一半的麻烦。建议读者可以在冲澡时顺便称个体重。

> **要点 1** 清晨起床后,用自己喜欢的香味的洗发水和沐浴露,冲一个夏天40摄氏度、冬天43摄氏度的热水澡!

02

只要走出家门,
事事皆能如意

一个奇特的方法让你轻松拥有行动力

02
只要走出家门，事事皆能如意

上班的人大概都经历过这样的早上吧。从清晨开始就莫名地觉得困倦。一想到要去公司上班，连身体都觉得很沉重，但是又不得不去。在这种时候，为了激发上班的行动力，不妨先设定一个"早上去公司"的目标。

如果将"早上去公司"的行为变成一种习惯，会很容易将这种行为变成一个目标宽泛而笼统的活动，但实际上，你可以将"早上去公司"细分为一个个具体的小步骤。

比如说，可以将"早上去公司"细分为"起床——→洗漱、化妆、整理仪容等——→早餐——→准备并确认需要携带的文件物品——→出发走到离家最近的车站——→乘坐电车——→走到公司——→到达"。一旦将到达公司设为目标，那么到达公司前的所有行动就变成了达成目标的一个个具体的步骤。如果这个目标让人感觉无聊，那么所有的步骤都会令人感到疲惫不堪。为此，不妨暂且将到达公司的目标放到一边，在这个终极目标的前面另外设置一些对自己有积极意义的目标，如"我想做这个！""这个有意思！"等。

举例来说，在去公司途中顺便到星巴克坐坐，可以边喝卡布奇诺边翻看当天发售的杂志，也可以阅读自己喜欢的作家的新作品，还可以使用星巴克的WiFi上网，看一集自己喜欢看的海外电视剧。反正在去公司的途中，选择一些能让自己心情变好的事情来做。当出发前的所有行动都变成了达成目标的一个个具体步骤时，你的步履就会变得轻快起来。实际上，这是利用了人类倾向于轻视未来的价值而优先满足眼下需求的缘故。

又比如，为了让自己变得好看，明明想减肥，但就是抵御不住眼前蛋糕的诱惑。将来变瘦变好看对于想减肥的人而言或许会带来某种好处，但在某些诱惑面前，人类会倾向于低估那种未来可以获得的价值，而倾向于满足眼前的需求。行动经济学把这种低估率称为"时间折扣率"。

每个人不想去公司的理由各不相同，有时候这些理由还可能因为时间或者具体情况发生改变而改变。但是从长期来看，我们都知道，在公司认真工作能得到的好处往往更多，可能是赚取工资，也可能是获得有益于今后个人发展的工作经验，或者是关乎职务升迁、涨工资等，但是人们往往容易为了满足眼前的需求而忽略那些未来的价值。就像平时明明有必须要做的重要工作，却还是忍不住看新闻一样。

不想去公司时，设立一个不同于去公司的其他目标，就是要反向利用"时间折扣率"的作用。既然人类本来就存在忽略未来价值、优先满足眼前需求的倾向，那就不妨从一开始就准备一些能让自己感到满足的目标，让自己为了实现那些目标而采取行动，从而激发出自身的行动力来。身体一旦行动起来，后面做事情就比较容易了。如果能先在咖啡店享受愉快的时光，那么到了上班的时间，就可能会产生"算了，都到这里了，现在去公司吧"的心情。

> **要点 2** 在不想去公司上班的早上，设定一个不同于去公司上班的其他"目标"！

03

早上吃心仪面包店的羊角包

从星期一开始就"活力四射"的秘密

03
早上吃心仪面包店的羊角包

星期一的早上，悠闲地品尝自己喜欢的红茶，于我而言，就像是在喝功能饮料一样。喝完后，我体内就充满了"好啦，今天也要好好努力"的正能量。这是因为早上有一段悠闲的时间，会让人觉得自己掌握了时间的主动权。相较于"被控制"，人在掌握主动权时会觉得更有行动力，这跟在工作时是一样的道理。

假设上司随意下达命令干涉你的工作方式，要求你"那样做""这样做"，或者对工作时间进度表斤斤计较，时不时就问你"那个案子做完没有？""这个工作必须在X月X时前给我做完"，这些管理方式会让人丧失工作的行动力。

相较于被上司催促干工作，如果是自己思考"这么做""那么做"，主动进行时间管理，则可以大大提高工作的行动力。

人类的做事动机大致可以分为两类:"自发型动机"和"外力型动机"。"外力型动机"源自外部的人为刺激。比如,"因为做的话可以获得褒奖,所以去做""因为不做的话会遭到批评,所以去做"。"自发型动机"源于发自内心的兴趣等。比如,"因为感兴趣,所以去做""因为关注了,所以去做"。能持续产生行动力的是"自发型动机"。"自发型动机"不是被别人推着走,而是自己主动发起行动,这样的人才会产生"想干活"的行动力。

拿时间来说也是一样。与其被时间支配,还不如主动掌控时间。当自己觉得自己"似乎可以掌控"时间时,人就会产生行动力。

比如说,许多人在年初时都会斗志昂扬地树立一些"今年的目标"。因为他们在日程安排上还留有余地,在设立目标时,他们觉得自己大概能够完成这些目标。但是到了年末,当时间所剩无几时,如果尚未达成目标,很多人会想着"明年再努力吧",而不是"无论如何今年一定要完成"。之所以会这样,是因为人们觉得自己可以掌控的时间越来越少,所以其行动力就逐渐减弱了。

以一天 24 小时为单位来思考时间,容易切身感受到

03
早上吃心仪面包店的羊角包

"自己能够控制的时间"只有大清早那一段悠闲的时间。

于我而言,品尝自己喜欢的饮品,能够让我享受愉悦放松的时光,感受到充实。此外,在早上悠闲地散一会儿步,或者慢跑一段时间,又或者坐在沙发上悠闲地看一会儿自己最喜欢的电视剧等,这些都能激发人的行动力。

> **要点 3** 相较于被时间追赶,追逐时间更能激发人的行动力。

04

偶遇熟人时打个招呼

原来交流具备如此魔力

04
偶遇熟人时打个招呼

在办公室工作的人,大多都以计算机为伴。人们大多通过网络等通讯工具来与其他部门的同事完成业务沟通,即便与相距只有几米远的同部门领导的沟通也是如此。如果早上能主动与人打招呼,进行一些简单的语言交流,那么可以提高自身的工作行动力。

为什么这么说呢?这是因为我在接触学生和职场人士时,或者追踪社交网络热搜时,切实感受到了现代人的"尊重需求"。

美国心理学家亚伯拉罕·哈罗德·马斯洛以"人类会为了自我实现而不断成长"的假设为基础,提出了著名的"自我实现理论"。这个理论将人类的需求分为五个层次。第一层是生理需求(食欲、排泄欲、睡眠欲、性欲等生命本能的欲求);第二层是安全需求(追求安心、安全生活的欲望);第三层是社会性需求(归属需求,追求爱的需求）；第四层是尊重需求（希望自己是有价值的人、受尊敬的人，也希望获得他人的认可）；第五层是自我实现需求（挖掘自己的潜能、可能性，活出自己的需求）。一般而言，生理需求得到满足后，人类就会追求安全需求；安全需求得到满足后，人类又会去追求社会性需求。如此从第一层到第五层循序渐进，不断向上追求。

我认为，现代人格外渴求这五个层次中的第四层次的需求，即"尊重需求"。我们都希望自己被他人认可。为了肯定自我，我们也需要获得他人的认可。你不觉得有很多人都是这么想的么？可以说，在意自己脸书（Facebook）上的"点赞"数、推特（Twitter）上的爱心标记数等，就是一种发自内心的"渴求认可"的表现。如果第四层的"尊重需求"未得到满足，那么人是很难进入"自我实现"阶段的。

真实的交流满足"尊重需求"

如果有人强烈地追求"尊重需求"，那么意味着该需求尚未被满足。为什么尚未被满足呢？其原因之一是，人与人之间面对面的交流变少了。

04
偶遇熟人时打个招呼

人与人在进行面对面沟通时,同时还会进行着语言以外的各种信息的交流。比如表情、声调、视线、姿势、手势等。这种用语言以外的方式进行交流的方式被称为非语言交流。打个比方,如果对方向你微笑,即使对方不说"我很开心""我很高兴",我们也能从对方的表情中推断出"对方现在肯定很开心""对方现在肯定很高兴"等。

非语言交流在交流整体的信息传递量中所占比重高于语言交流。比如,即使对方口头上说"开心",但面部表情有些阴郁,或者声音低沉,或者低头说话,那么我们会觉得对方"其实并不开心"。语言沟通以外的部分所蕴含的信息量就是如此的丰富。

现代人的交流多为网络沟通。虽然在网络沟通中,有时人们会发一些表情包、照片或者视频等,但主要还是语言交流。换言之,网络沟通中交换的信息量其实是很少的。

无论是探求对方的真实想法,还是担心自己的真实想法是否被准确地传达了出去,都需要依赖沟通双方的想象力。想仅凭语言就满足沟通双方的"尊重需求",

需要双方具备高水平的语言表达能力，而这实际上是很难做到的。

要想获得自己是被需求的、被期待的切身感受，依然需要人们进行面对面的交流。比如说，直接见面交谈、一起努力工作、一起享受运动、一起吃饭喝酒等。然而在现实生活中，面对面交流的机会在大幅度减少，因此即使现实生活中有那样的机会出现，人们也会无所适从，无法获得充实感。而越是缺少面对面交流，人们满足"尊重需求"的愿望就越强烈。在满足"尊重需求"这件事上，人们似乎陷入了恶性循环。

他人的信赖会成为行动的能量

想要改变上述恶性循环，只能自己打开突破口——自己主动问候他人。

打招呼，可以说是人与人之间交流的最基本部分、最小单位。人际交流首先应该从打招呼开始。根据美国塔夫茨大学的山姆·索玛博士等人的研究，大学生之间无法建立友好关系的最大原因，不是不关心他人，而是

04
偶遇熟人时打个招呼

自以为"别人不可能关心自己"。该研究认为,可以通过"打招呼"这个行为来消除上述误解。

既然"打招呼"是有用的,那么到公司上班后,我们就应该积极地跟同事、上司等人打招呼。除了打招呼,如果还能进一步聊一些简单的话题,那就更好了。

交流双方构建"这个人值得信任"的关系,在心理学上被称为"建立信任感"。据说,自我宣告(谈论自己的事情)可以促使交流双方建立信任感。因此,建议聊天时聊一些工作之外的私人话题。

如果交流对象是同一家公司的同事,那么选择私人话题,容易进行自我宣告。比如,假期结束后上班的第一天,可以问问同事"周末休息好了吗?"。如果能够通过社交网络知道对方周末去哪儿了,就可以问"您是去XX了吗?感觉怎么样?"对方应该会为你对他抱有兴趣而感到高兴。另外,想要让这类日常的小交流成功,平时就要多关心周围的人。

打招呼、进行简单的对话,这些真的都是小交流。尽管是小交流,但人会由此感受到与他人的连结,而且能让人感到"这个人值得信任"。很多时候,正是这些日常生活中无关紧要的聊天对话,满足了人们的"尊重需求"。当一个人感觉自己被他人信赖、被他人依靠时,其自身会迸发出力量,去进一步追求"自我实现"的需求。

> **要点 4** 早上在公司,与擦肩而过的同事或上司打个招呼,聊一会儿天!

05

把便签变成激励自己的催化剂

原来自己的潜能无限大

为了获得工作上的成就感,建议大家用便签纸做一个"任务清单"。将一天之内需要做的事情列出来,写到便签上,然后把便签贴在笔记本上。

"将必须完成的工作可视化"是非常重要的,这是因为人们常常会被自己看到的东西激发出行动的力量。就像坐公交车下车时需要按一下下车按钮一样,眼前若是有一个按钮,人就会情不自禁地想去按。逛街看到摆放在餐馆门前的诱人的食物模型时,你是不是也会忍不住想去尝一尝?这就是物体在诱发人们的行为。

美国知觉心理学家詹姆斯·杰尔姆·吉布森将这种物体与人类行为的关系称为"功能可供性"。吉布森的设想是,环境、物体本身具有"包含意义的信息",人们利用这些信息展开行动。物体所具有的"功能可供性"还可以引导人们进行无意识的行动。此处,须格外注意的是可视性物体对人们行动造成的影响。人们一般是从知觉感知的物体中发现意义、采取行动的。

05
把便签变成激励自己的催化剂

既然"任务清单"有如此大的作用,那就制作一个可以激发行动力的可视性物体即可,也就是用便签做一个"任务清单"。

我是按照下面的步骤制作我的"任务清单"的。

1. 尽量准备小的便签,把当日要做的所有事情都写上去

"一张便签写一个工作"是不可动摇的原则。

首先是把当天所有要做的事情全部写到便签上,如"回复某人的信息""将给某公司的文件邮寄出去"等,把类似的琐事全都事无巨细地一一写上。

如此一来,就能具象化当天所有工作的总量。如果仅在大脑中进行全天工作的安排处理,工作总量会变得模糊不清,从而出现越来越多"即使今天不做,明天也来得及"等拖延工作的想法。如果能够具象化当天的工作总量,就会觉得,"啊,如果有这么多工作的话,那得马上做了"。此时最重要的是,尽量细分工作,再写到便签上。

对我来说,"写稿子"是非常重要的工作。如果

要写书，只在便签上写"写稿子"就太抽象了。假设我决定"今天写完第一章的前半部分"，我就会尽可能地将工作细分为"找资料""查资料""写第一项""写第二项"等，然后把它们写到便签上。对于商务人士来说，可能会遇到制定企划书等工作，那就可以将工作细分为"查找XX资料的数据""查找XX""制作统计资料""咨询XX人XX问题"等，然后把这些工作内容写到便签上。

2. 按照工作顺序整理便签

完成了工作的细分处理后，接下来就应该考虑按照什么样的顺序开展工作了。思考并决定采取哪种顺序开展工作，能够保持全天工作的高效率，让工作能够顺利完成。

3. 将完成了的工作便签放到右侧

我每天都把"任务清单"便签逐一贴在笔记本的左侧，把完成了的便签再逐一转移到笔记本的右侧，这是一件使用"任务清单"时非常重要的工作。因为人在采取行动时，是否拥有"我可以""我能够"的自我效能感十分重要。有了自我效能感后，人就会变得"还想再干""接

05
把便签变成激励自己的催化剂

着再努力干",工作起来就会更有行动力。

自我效能感产生的源头是"完成的工作"。但是,有不少人轻视了"已经完成的工作"。我发现,在向我咨询的学生、上班族中,很多人在被问到"昨天做了什么"时,居然回答不上来。明明做了很多事情,却不记得了。然而,"已经完成的工作"会让自己变得自信,也会成为激发工作行动力的绝好因素。所以,请务必记住自己"已经完成的工作"。

我一般会在头一天晚上大致写好"任务清单"。因为从晚上到次日早上,还会收到邮件,还会有新的工作,所以我会在当天早上对便签进行一些细微的调整。虽然有时候会发生便签堆积的情况,但是在多数情况下,我会干劲十足地觉得,"好的,我要认真工作,减少笔记本左侧的便签数量",而不是垂头丧气地哀叹"今天也有这么多工作要做啊"。

> **要点 5** 　　细分每日工作,并将它们全部写到便签上,让工作量可视化。做完的工作便签不要扔掉,留下来放到另一边。

06

早上"朝气蓬勃"地道歉

推延令人郁闷的工作会消耗大脑的活力

06
早上"朝气蓬勃"地道歉

一大早就把那些不想做的事情和令人郁闷的事情全部快速处理完,这对于保持高水平的工作行动力非常重要。所以,我通常把"不想做的事情""令人郁闷的事情"放在"任务清单"的最前面。

比如说,有人约你吃饭,但你一直无法确定时间,不得不拒绝对方;或者因为沟通不畅导致工作伙伴产生误会,引发不快,需要道歉。这些事情都可以被归为"令人郁闷的事情",应该趁着早上元气满满时,尽快把它们处理掉。

人们往往忽略了"思考"其实是一种很消耗时间和精力的行为。人一旦有了"必须做但又不想做且会拖延时间的工作",日常生活中就会不断地想起这件事,"虽然得早点做完,但心情郁闷。再往后拖延一下吧"。每想一次这件事,都会消耗人的时间和精力,这些消耗成本的总和会出人意料得多。如果没有这种担心的话,人就可以集中精力去做其他事情。正是由于分心想着那些未处理的事情,所以失去的东西也会很多。

学生时代，我打过好几份工，其中就有干到一半便不想再去的工作。虽然打工基本上是从下午4点开始的，但每次我从上午就开始感到郁闷。即使在下午4点以前，我本来是很开心的，但越是开心，就越是"不想去打工"。于是，原本很开心的时间就变得不开心了，时间也被白白浪费了。因此，应该尽早把不想做的事情和令人郁闷的事情处理完。

上午是人的精力最旺盛的时间段，是最容易完成决定"要做"的事情的时间段。过了上午的巅峰期后，人的意志力就会随着时间的流逝不断减弱。越接近晚上，人们越是会觉得"再往后拖一点也没事吧"，从而出现不断把事情往后拖延的情况。实际上，在拖延事情期间，不想做的事情一直在持续地消耗着人的精力成本。

之所以要在上午去向别人道歉，一个很重要的原因是，对方的意志力也是在上午的时间段最强大。人在意志力强大的时候，倾向于冷静地处理对方的言行，但在意志力脆弱的时候就容易变得感情用事。

研究者曾经在以色列的监狱以4名申请假释的犯人为对象，做过一个实验。在这个实验中，研究者发现，接受审议的时间段对服刑者的假释申请通过率有着极大

06 早上"朝气蓬勃"地道歉

的影响。上午审议的假释申请通过率为70%，而下午稍晚时间段的假释申请通过率不到10%。

当意志力或者自制力枯竭时，人们会选择那些不需要费神的简单选项，或者按照他人的建议直接做出选择，这就是"决策疲劳"。"决策疲劳"情况与监狱审判员的情况完全相符。

向人道歉也是一样。有些道歉，无论自己多么努力，最终可能因为对方的反应而出现令人沮丧的结果。因此，经常会有"所以说我不想道歉啊"的情况出现。但如果是上午去道歉的话，就很有可能得到对方的冷静谅解，今后关系修复的机会也会大得多。

若是临近傍晚时去处理令人厌烦的事情，还容易把厌烦情绪带回家。但如果是上午处理完的话，厌烦情绪就可能会因为后面做其他事情而被遗忘消解掉了。

> **要点 6** 一大早就要处理掉令人厌烦的事情！

07

仔细甄别"不想做的工作"

提前预测可能出现的障碍或困难

07
仔细甄别"不想做的工作"

人们大都有过把不感兴趣的事情尽量往后拖延的情况吧。而且,如果这件事情不能很迅速解决掉,那么会让人愈发觉得郁闷。虽然人们会假装无视这些事情,但实际上这些事情仍然存在。提高行动力的诀窍之一,就是反其道而行之,刻意关注这些事情,并积极思考对策。

纽约大学行动力研究所的加布里埃尔·厄廷根(Gabriele Oettingen)博士提出了一种实现目标的方法——"精神冲突(mental contrasting)"。厄廷根认为,人在拥有梦想、目标时,不应只是关注实现梦想、达成目标时的积极一面,还应注意过程中的消极一面。在采取行动之前,要预估实现梦想、达成目标的过程中可能会遇到的障碍和困难,提前做好预案。这样可以进一步激发人的行动力。

我经常参考厄廷根博士的理论来指导我的学生。比如说,许多想熟练掌握英语的学生,会对自己熟练掌握英语后工作上的各种新的可能性充满想象。比如"也许会被安排新的工作""也许会被调往海外分公司""也许能够和海外同事合作项目"等。实际上，如果熟练掌握了英语，会发生许多超过本人设想的情况。我特别喜欢观察这类学生的变化。

然而，仅仅"做梦"是无法实现梦想的。我有时也会在辅导过程中接到学生的告假，"因为工作繁忙，挤不出学习时间"。我仔细询问学生后得知，学生当初的设想是，在结束工作后，把晚上的时间用来学习。但是连日加班后，疲惫不堪，回到家就只想睡觉了，根本没有时间学习。

厄廷根博士说，在达成目标的过程中肯定会遇到阻碍，提前设想好可能会有哪些障碍，并做好预案，可以促使人们实现目标。

我曾建议一位向我哭诉"因为工作繁忙而挤不出学习时间"的学生充分利用早上的时间来学习。这名学生从事的工作不是那种在规定时间内就能够完成的工作，而是经常会遇到突发加班的情况。即便如此，该生还是把学习时间放在了晚上，这就是自己给自己找麻烦了。其实，如果把学习时间放在早上，事情就会变得格外简单。后来，这位学生接受了我的建议，放弃了在晚上学习，换成在早上学习，从而轻松确保了学习时间。

07
仔细甄别"不想做的工作"

所以,当有不大感兴趣和想尽可能往后拖的事情时,不妨就利用"精神冲突"的方法,先想好处理这件事的具体对策,思考为什么不想做、为什么想往后拖的原因,然后提出解决方案。比如说,如果不想做的原因在于技术困难的话,可以考虑能否将这件事委托给别人去做,或者让别人帮忙完成一部分工作等。如果原因在于总是忍不住考虑"做这个工作有什么意义"的话,不妨去找一些可以提高自身工作行动力的方法,比如"这早晚会成为有意义的经验""自己完成后肯定会让他人受益"等。

当人们明确了应该做的事情,以及做事的方法后,就能不断地迸发出行动力来。"制定对策可以激发行动力!"请务必积极地去思考对策,并期待最终目标的实现。

> **要点7** 工作中总会遇到障碍和困难,这时,不仅需要想象积极的一面,还需要提前预测可能出现的障碍和困难,这样工作起来才会更有行动力。

08

从最想做的项目着手

高效工作的九成动机是顺序而非内容

08
从最想做的项目着手

工作时，应该从最轻松简单、最有可能顺利进行的工作开始。尤其是在没有工作动力的时候，这样做是非常奏效的。从轻松简单的工作开始做起，可以激活头脑或身体某部分的机能，这样一来，人就会自然而然地进入工作模式，迸发出工作的行动力并进入"持继干活"的状态。

这其实就是利用了德国心理学家克雷培林提出的"作业兴奋"理论，即人一旦开始使用大脑或身体做某事时，就会产生持续工作的行动力。常常有人说"没有干劲，不想做手头的工作""没有动力，不想学习"等，但行动力不是自发产生的，而是要先激活头脑或身体才能产生。换言之，人不是"有了行动力再行动"，而是"开始行动后才产生行动力"。

我平时也经常利用"作业兴奋"理论来完成工作。我有时会去大学授课，偶尔会布置提交课题报告的作业。在临近提交报告的截止日期时，我会陆续收到学生通过电子邮件提交的课题报告。如果有50名学生，那么我的电子邮箱里就会有50封题为"课题报告"的邮件。这些邮件一字排开，看着就让人头大。要想在规定的时间内一个个批改这些报告再删除，需要消耗不少的时间和精力。所以，我觉得这是一个很难达到的工作目标。只要一想到这一点，我就会有一点灰心丧气。

根据"作业兴奋"理论，我会从看上去最简单的课题报告开始批改。虽然是同样的课题，不同的学生写的报告长短并不一样。有的学生只写了几页，有的学生则写了几十页。我决定从邮箱中附件最小的邮件开始批改。像这样先做起来再说，到了后面，就会不断地产生批改课题报告的行动力。在批改完了一些课题报告后，我有时还会利用"目标梯度效应"进一步加快工作进度。

所谓"目标梯度效应"，是指当人朝着某个目标开展工作时，越是接近目标，工作效率就越高。该理论由克拉克·赫尔（Clark L. Hull）提出。赫尔曾做过一个老鼠实验。他在迷宫出口处放上诱饵，观察老鼠的行动。赫尔发现，随着老鼠不断接近出口，其奔跑速度逐渐加快。赫尔由此发现，当人类接近目标时，希望实现目标的心情会逐渐变得强烈起来，从而促使人加快行动，这就是"目标梯度效应"。

哥伦比亚大学科维茨等人经研究发现,人类在消费行为中也存在着"目标梯度效应"。科维茨等人在一家咖啡店做了一个实验,推出积分兑换咖啡活动。"喝一杯咖啡可以获得一个积分,集齐十个积分就可以免费兑换一杯咖啡"。但是积分卡有两种:第一种积分卡只有10个盖积分章的空白栏,集齐10个积分,就可以免费兑换一杯咖啡;第二种积分卡有12个盖积分章的空白栏,集齐12个积分,就可以免费兑换一杯咖啡。但是因为第二种积分卡的前两栏已经盖好了两个积分章,所以顾客实际上需要集齐的积分总数跟第一种积分卡的积分总数是一样的,也是10分。

实验发现,在持有第二种积分卡的人中,集齐10个积分的人数明显高于持有第一种积分卡的人数。而且,当持卡顾客接近"免费兑换咖啡"的积分数目标时,他们光顾咖啡店的频率也会变高。人越接近目标,就越会产生行动力,加速行动。

利用"目标梯度效应",我会把已经批改完的课题报告一一放入"批改完毕文件夹"里。由于我是从短小的论文开始批改的,所以没一会儿,"批改完毕文件夹"

里就装进了许多课题报告。假设我批改完了 50 篇课题报告中的 5 篇，那么就意味着我已经完成了总任务的十分之一。于是，我就会觉得，"啊，我已经看完十分之一了，离批改完 50 篇课题报告的总目标又接近了一步"。既然已经看了这么多，那就再努力看 5 篇吧。

另外，用这种方式将已经完成的工作可视化，也是非常重要的一点。当人们看到已经完成的工作数量不断增多，会切身感受到自己正在接近实现目标。所以，无论如何都应先从轻松简单的工作开始做起，这样，不仅可以激发"作业兴奋"的心理，还可以促使"目标梯度效应"发挥作用。

> **要点 8** 通过活动身体或大脑，激发行动力。"先动起来"很重要。

09

先做感兴趣的工作

让无聊的任务变得有趣

反惰性
50个方法让你具有超强行动力

前面，我介绍了在没有工作行动力而且想拖延工作时提高工作行动力的办法，即"制定预案，迅速解决"。在此，我要介绍另一种办法，即"思考与之毫不相关的其他工作"。注意，不是"尽量不思考"不想做的工作，而是全身心地思考毫不相关但貌似很简单的工作。

人类有种心理现象，越是不想思考一件事，就越会忍不住去思考这件事。心理学家丹尼尔·韦格纳是第一个发现这种现象的人，他为此还在1987年进行了著名的"白熊实验"。韦格纳让三组被试观看同一个白熊录像，并在录像播放完后，分别对三组被试说了不同的话。

第一组："记住白熊"。

第二组："可以想白熊，也可以不想白熊"。

第三组："尽量想白熊以外的其他事物"。

过一段时间后，研究人员对三组被试进行问询，发

09
先做感兴趣的工作

现第三组的被试对白熊的印象最为鲜明深刻。韦格纳由此得出一个结论，即一个人越不希望想某事，偏偏越会想该事。韦格纳将这种现象称为"精神控制讽刺过程"。

一旦开始告诫自己不要想白熊，大脑就会持续地检查自己是不是在想白熊。为了检查自己是不是在想白熊，就会一直有意识地去想白熊。不打算思考的意识反倒促使人不断地思考。同样道理，当你遇到不想做的工作、想拖到后面再做的工作时，如果这些工作是你必须要完成的，那么即使你觉得"想想都烦，干脆不想"，但你的大脑却还会一直在想那些工作。由此，你就会陷入到没心思做其他工作的恶性循环中。有研究结果显示，遇到不想做的事情时，最有效的办法是，将不想做的事情先搁置一边，先想一些"毫不相关的事情"。

加利福尼亚大学伯克利分校艾里逊·哈维曾做过一个实验，他将失眠症患者分为三组，并对三组被试分别给出了不同的指示。艾里逊要求第一组被试"入睡时，主动想一些让自己心情愉悦的事情"；要求第二组被试"入睡时转移注意力，不要担心自己今晚能否睡好"；对第三组被试没有给出任何指示。接着，艾里逊检查了三组被试的入睡时长和入睡期间思考的事情，结果发现，第一组被试进入睡眠状态的所用时间最短,入睡期间思考的事情也最少。

如果将上述实验结论应用到工作场景中,那就是,在工作时要"尽量想那些令自己愉悦的工作(能够轻松应对的工作、能够愉快完成的工作等)"。然后,先去做这些自己愿意做的工作,这样就可以心无旁骛地投入到工作中。

另外还有一种方法,"把不想做、想尽可能往后拖的工作作为提升其他工作行动力的参照物"。这是斯坦福大学哲学系博士凯利·麦格尼格尔从其老师约翰·佩里教授那里学到的方法。这是一个只需看"任务清单"就能获得很好效果的简单方法。

在制定"任务清单"时,应尽可能地按照本书之前所说的要求去制定,即第一,要尽可能地细分工作;第二,将细分好的工作写到便签上;第三,按照工作顺序排列便签。在"任务清单"中,肯定会有"不想做、想尽可能往后拖的工作",那么在开始工作前,先仔细看这一工作便签,然后再看其他的便签。

如此一来,除了"不想做、想尽可能往后拖的工作"

09
先做感兴趣的工作

之外，其他的工作就会变得很有吸引力。只要把这些很有吸引力的工作当作是"休息"来完成的话，工作进度就会不断地加快。

因此，当你遇到不想做、想尽可能往后拖的工作时，看一下"任务清单"，再次确认不想做的工作就是不想做，感叹一句"现在不做没关系"，然后，暂且将其放到一边，先做其他工作。接下来，你会发现，自己做其他工作时的效率会显著提高。一旦工作的效率提高了，对完成"不想做的工作"的抵触情绪就会出人意料地降低了。

> **要点 9** 将不想做的工作暂且放到一边，想一些"完全不相干的事情"！

10

越是紧张越要放平心态

"放平心态的能力"是最强大的行动力

假设你需要在一个有董事出席的会议上进行中期汇报展示,而这个汇报展示决定了一份大合同能否成功签约。面临这类重要的会议时,你会不会觉得心情格外地忧虑不安?在这种时候,暗示自己"我很期待"是一个可以帮助你克服忧虑的好方法。

哈佛商学院的阿利松·伯恩斯教授曾做过一个实验,他将被试分为两组,让他们全都处于因汇报展示、唱卡拉OK等会感到紧张的场景之中。伯恩斯要求第一组被试通过暗示自己"我很冷静"来缓解紧张;要求第二组被试暗示自己"我很期待"来缓解紧张。实验结果发现,第二组被试的表现明显好于第一组。这个研究结果告诉我们,人越想缓解压力,就越会感到紧张。想要缓解压力,不仅要正视不安、紧张,还要换一个角度思考,如"实际上我很期待",这样做才能有效缓解压力。

人在做汇报展示前感到紧张,有时候是源于一种期待感。因为"如果汇报展示成功了,就能实现准备已久的企划",但是由于不知道能否成功,所以才会感到不安和紧张。换一个角度来审视不安和紧张,其实那就是"期待"。通过改变看问题的角度,可以消除紧张和不安。

变更目标设定

人有时会因为对自己的期待过高,而感到不安和紧张。因为想要顺利地完成汇报展示,想要自己的报告获得参会董事们的肯定,但是如果不能顺利完成任务的话怎么办?要是不能获得肯定怎么办?总而言之,就是自己在给自己施压。如果自己没有完成工作的信心,那种压力就会大大地削弱其工作的行动力。

在这种时候,不妨变更一下目标设定,让渴望成功的自己换一个角度来看待问题:"今天的汇报展示,只需用5分钟把事情说完就可以了。"人越想取得成功,希望事事顺利,反而越会使错劲。如果将目标定低点,就不会出现使错劲的情况,而且多数情况下还会有助于你圆满完成任务。

我去做演讲时,就经常"变更目标设定"。在做演讲前,

10
越是紧张越要放平心态

有的主办方会对演讲主题进行明确的规定,并告知我听众的类型;有的主办方则全权交由我自行决定。我在准备前一种演讲时会非常顺利,但在准备后一种演讲时却常常陷入困境。

由于听众是特意花时间来听我讲演的,所以我希望自己的演讲能够给大家带来一点启发和帮助。但是如果不知道是什么样的听众来听演讲,那么我就无从得知应该从哪一角度来进行演讲或者应该讲什么样的内容比较合适。这样一来,在整个演讲的准备阶段,我的心情就会逐渐变得沉重。不过,要是能够将演讲稿准备到能让自己比较满意的程度,我就会改变态度:"够了,可以了,我就按现在准备的稿子讲,不管会得到什么样的评价。"我发现,人一旦转变态度,反倒会激发出做事的行动力。

我在写稿子的时候也经常遇到同样的情况。我一般都是在大脑最清醒灵活的时候写稿子的,但有的时候,即便是大清早,我打开电脑准备敲字,却什么都写不出来。只要我想"必须写出好稿子",我就会写不动。鉴于此,每次开始写稿子时,我会以"不管怎样先写到规定字数为止"的心态进行写作。如果觉得写得不好,删除后扔进回收站就是了。降低目标的难度,让自己能够更容易地克服困难。我也因此真的可以不那么痛苦地完成各种写作任务了。

实际上,在我那些以"删掉扔进回收站就行"的心态写的稿子中,有不少还真的是挺差的。如果用做咖喱饭来打比喻的话,这些稿子还只是处于将切好的蔬菜、鸡肉放到锅里炒的阶段,还需要进一步的熬煮,去掉多余的杂味,让食材充分吸收调料的味道后,美味的咖喱饭才算做好了。不过,在被删除后扔到回收站的废弃稿件里,也有不少稿子是不错的,但需要进一步打磨。只是从最终结果来看,比起一开始就想写出好稿子却写不出来,先降低要求开始写,反而能更早地完成写作任务。

> **要点 10** 将汇报展示的目标难度降低到"只需说要点即可"的程度,可以激发工作的行动力。

11

不要马上投入工作

一分钟的准备可以达到"事半功倍"的效果

设想一下，你的某位亲人对你说了下面的话：

A："你可以偶尔做个饭吗？哪怕就是煮个饭也行，往上面加点速食咖喱就能吃了。"

B："你可以偶尔做个饭吗？做个西班牙海鲜饭就行。"

请问，以上哪句话会让你有做饭的行动力？

暂且不考虑喜欢做饭或者擅长做饭的人，估计大多数人会觉得A更能激发人做饭的行动力。至少我会选择A。即便有人对我说"做个西班牙海鲜饭就行"，但我完全不知道西班牙海鲜饭的做法，我会觉得很困惑："什么？怎么做啊？"因为不会做西班牙海鲜饭，所以我就不会有做西班牙海鲜饭的行动力。实际上，"不知道方法"很多时候会成为削弱行动力的原因。比如，家长要

11
不要马上投入工作

求孩子学习，孩子却不学习，有时候就是因为孩子不知道怎么学习。

关于学习，我在读高中时深有体会。我在本书的序言部分也提到过，高中时期的我是一个偏差值只有30左右的"差生"，上课时不听讲，也不做笔记。但是，自从跟同学打架闹得沸沸扬扬被学校处分后，我决定洗心革面："这样下去会完蛋的，我要努力学习，改变自己。"然而，从来没有好好学习过的我根本不知道该怎么学习。我翻开教科书、习题集，被海量的知识震住，根本无从下手。

于是，我向班里学习成绩比较好的朋友请教。朋友说："老师写板书时，有时候会说'这是考点'，你把那些全都记住就行了。"他还将仔细标注了重点的笔记本借给我看。我按照他说的，疯狂地去记背重要的知识点。结果，我的考试成绩不断提高。此时，我明白了，我之前不会学习仅仅是因为我不知道学习的方法而已。只要掌握了学习的方法，脚踏实地、坚持不懈地学下去，就可以获得好成绩。其实，不仅是学习，只要掌握了方法，我们还能够做更多的事情。掌握做事的方法可以拓展我们人生的可能性。

自此以后,在尝试新的挑战时,我会首先搜集信息,掌握相应的做事方法。在掌握了具体的做事方法后,按部就班地去执行,人就会自然而然地迸发出做事的行动力。

> **要点 11** 掌握做事的方法可以激发做事的行动力!为了激发行动力,先收集信息!

12

戴上史蒂芬·乔布斯的面具

模仿他人，消除胆怯心理

因为不知道怎么做，导致没有做事的行动力时，不妨选择"模仿"成功人士。不是思考怎么做才行，而是转换心态，"先模仿吧"。

现在，我每个月会担任一次英语广播节目的主持人。当初接到这个节目邀请时，我既没有广播节目主持人的专业知识，也没有做主持人的经验。但是，我觉得这件事挺有意思的，于是就答应了。

在第一次节目开始前，我听了很多广播节目，想先学习一些让听众感到快乐的方法和技巧，可惜没有找到。进入播音室后，我根本不知道自己该怎么做。但是，在某个瞬间，我突然顿悟了："如果不知道怎么做，那就模仿别人怎么做。"

在当时收听的各种节目中，我觉得最有魅力的主持人是福山雅治。他的声音低沉迷人，说话幽默风趣，让人很喜欢。于是，我决定模仿福山雅治。

在不知道怎么做的时候，与其胡思乱想，不如"模仿就好了"。这样决定后，你的心情会变得非常轻松。在心理学中，模仿被称为"建模"。在人的成长过程中，"建模"发挥着重要的作用。所以，模仿绝对不是一件坏事。

有些人在面对很多人时，会紧张到不知所措，从而丧失做事的行动力。比如，商务人士在做汇报展示或会议发言时会很紧张，此时，不妨采用"表演"的方法来解决。

任何人都害怕在他人面前暴露自己真实的一面。特别是在没有经历过的场面、没有自信的场合下，展现真实的自我会显得格外恐怖，因此感到紧张也是很正常的。这时，就需要隐藏真实的自己，扮演其他人。

瑞士心理医生、心理学家荣格曾表示，为了适应社会和环境，人会扮演相应的角色。荣格将人的对外形象称为"面具"，人会根据不同的场合扮演不同的自己。上班时戴上商务人士的"面具"，回到自己家里时则戴上丈夫或父亲的"面具"，回到父母家时又戴上了孩子的"面具"。在紧张的场合下,人通常会追加一个新的"面具"。假设必须在很多人面前进行汇报展示,那么你可以具体想象一个能在众人面前口若悬河的人物形象,并扮演他。

> **要点 12** 在不知道做事的方法而丧失行动力时,不妨模仿成功人士。

13

神奇的 5 分钟绿色运动

凭此消除午餐后的困倦

"希望下午也能保持精神饱满的状态继续工作"几乎是每个上班族的愿望。然而，从吃完午饭到了下午1~2点钟左右的时候，马上就会有人开始打瞌睡了。尤其是如果午饭吃了很多碳水化合物，身体更需要全力以赴调节过高的血糖，这就会导致人开始产生困意。为了完成食物消化，血液会优先流向消化系统，大脑就会因为缺血而犯困嗜睡。

饭后嗜睡是人体无法抗衡的正常生理现象。在困意袭来时，想强行凭借意志力去克服困意是不明智的，勉强工作时的效率也不可能高。在这种时候，消除困意的最好办法是活动一下身体。在此，我特别推荐绿色运动——去能感受到绿色自然的地方运动。哪怕只有一点点的自然景色也行。去有花草树木的公园等地方呼吸清新空气，散步5~10分钟，让大自然的新鲜空气进入体内，可以唤醒大脑,消除困意。如果附近没有公园也没有关系,总之出去走走就好。即使是去便利店买杯咖啡,也能让大脑变得清醒。

英国埃塞克斯大学的研究人员做了一项研究。以参与这项研究的共1252名各年龄段的男性和女性为研究对象,该研究分析了"在森林里散步""在公园里骑车"对人的精神状态会产生何种影响。埃塞克斯大学的研究者发现,在大自然中运动,一天即使只运动5分钟,也能改善心情、缓解压力。如果在湖泊、河流等水边运动的话,效果会更加明显。

如果条件允许的话,最好是去景色优美的公园或者道路散步。埃塞克斯大学研究者通过扫描观察去景色优美的地方运动完后的人的大脑,发现这些人的消极想法减少了,不安情绪也得到了缓解。

假设下午有一个重要的汇报展示会,人感到压力很大的话,会忍不住地去不断修改汇报展示材料,情绪也会变得消极,此时最好去做一个绿色运动。绿色运动不仅可以帮人调整心态,还会让人变得积极主动。最好选择有水的地方,效果会更好。看公园的喷泉、河流等风景，能起到唤醒全身活力的效果。

我在工作陷入僵局时，也会感到注意力下降、压力增大。这时，我就会马上出去散步。散步回来后，我的注意力恢复了，重新开始工作时也会行动力十足。

> **要点 13** 强行依靠意志力来消除困意是不可行的。出去散会儿步，呼吸一下新鲜空气吧。

14

采用计时游戏方式完成下班前的工作

更换任务目标,让工作顺利结束

有时候,到了傍晚时分,人会感到无法集中精力工作。虽然也知道今天还有很多工作没完成,但就是没有心情投入到工作中去。

傍晚时,人的大脑和身体都很疲劳了,思考力、判断力都会变得迟钝,这在心理学中被称为"黄昏效应"。华盛顿大学福斯特商学院的克里斯托弗·伯恩斯等人的研究发现,"当能量降低时,人的伦理观也会弱化"。

尤其是连续几天从早上开始就一直在从事高强度的工作,到了傍晚,人都会不由自主地感到"啊,好累啊,我不想工作了"。但在现实生活中,我们不可能因为傍晚没有动力就不工作了,很多时候需要加把劲继续工作。

在每次没有动力不想工作时,我就会当机立断,改变一下环境。靠意志力是很难改变自己的情绪和想法的。在无法集中精力工作时,即使靠意志力强迫自己"集中

14
采用计时游戏方式完成下班前的工作

精力"工作，最后也会失败。要想改变这种情况，就需要借助情绪以外的手段去激励自己。最便捷的办法就是改变环境。

就我而言，如果在办公室感到工作停滞不前时，我就会逃到附近的咖啡店去。没法逃离公司时，我就会在会议室的一角，临时隔出一个空间来休息。去咖啡店时，虽然我的包里还装了没有读完的书和日程本等东西，但我会故意把它们拿出来留在办公室，只带上工作需要的东西，并会要求自己"到达后，要在30分钟之内完成工作"。

无论下了多大的决心"只做这项工作"，但是只要带了其他多余的东西，注意力就会被这些东西吸引走。没有比意志力更不靠谱的东西了。因此，重要的是，要提前做好准备，建立让自己没法分心的机制，要故意增加分心的难度。另外，我虽然会带手机去咖啡店，但在集中精力工作的30分钟内，我会把手机设为"飞行模式"，切断与外界的一切联系。规定时间也是一个激发工作行动力的诀窍。比如，我要求自己"绝对要在30分钟内完成工作"。

总而言之，就是把"完成工作"的目标替换成计时游戏，把原目标替换成"必须在规定时间内完成任务的游戏"。数字游戏中包含了许多俘获人心的心理套路。将游戏里的这些心理套路和特征应用到教育、商业等非游戏领域，被称为"游戏化"。把工作变成计时游戏，实际上就是把自己的工作游戏化。

> **要点 14**　到了傍晚时分，改变一下环境，设定完成工作的时间，把工作变成"必须在规定时间内完成的游戏"。

第二部分
PART 2

变得想要废寝忘食地学习——
超强学习

15

先随意"翻看"昨天读过的内容

简单的目标也可以激发行动力

15
先随意"翻看"昨天读过的内容

人们在翻开新买的参考书或习题集时,一般都会满怀激情地在心里对自己说:"我要好好开始学习啦!"如果是"接下来开始学习新知识",这种情绪会更加强烈。我在备战高考的时候就是这样。高三时,我决定报考立命馆大学或者同志社大学。虽然我的高中老师认为,以我当时的成绩,根本不可能考上这两所大学,但是我干劲十足,下决心"绝对要考上给大家看看"。我买了新的参考书和习题集后,学习热情越发高涨。只可惜这种"激情"没有维持多久就消失了。从我决定报考大学开始,我大致经历了以下的心路历程:去书店买习题集──回家,干劲十足──坚持了三天左右──做了几十页习题后,心生厌倦──打算留到明天再做──丧失做题动力,不想打开习题集──忘记自己买过的习题集。你是否也有过相似的经历?而且总是重蹈覆辙?在刚买了新的参考书或习题集时,学习干劲瞬间达到最高值,觉得"这一次我一定要做完",但最后还是像以前一样,又一次半途而废了。

显然,这样下去的话,学习是不会进步的。那么,要怎么做才能维持买参考书或习题集时的干劲呢?高三时,为了解决"三分钟热度"这一问题,我想了几个办法,其中之一是,从一开始学习时就降低自己的学习目标。具体来说,就是在每次学习前,"无论如何先翻开习题集,随意翻看一下前一天做过的习题。只要看一看,就可以了"。不过,我当时给自己定的目标比这个还简单。

虽然看似不可行,但降低学习目标的方法奏效了。因为只要翻看做过的习题,就算完成目标了。即使翻一翻不做题也没关系,所以我觉得毫无压力,反倒真的会去看习题集了。在翻看做过的习题的过程中,我不禁会为自己的努力而感动,"哎哟,我昨天竟然这么努力"。随后,便会自然而然地开始做题。一旦开始做题,我就会逐渐进入学习状态,变得干劲十足。

我在前文已经提到过,人只要开始使用自己的大脑和身体做某件事情,就会自然而然地产生继续做这件事情的动力,这种心理被称为"作业兴奋"。降低学习目标的方法就是利用了这种心理。该理论不仅适用于阅读参考书、做习题集,也适用于其他情况。比如,一看到那些"必须要读完"的大部头书籍,头脑中就会马上涌现出无数个拒绝的理由。那么，为了顺利地完成阅读任务，就要降低开始阅读书籍的目标难度，如将阅读目标降低为"今天看三行就行""先扫一眼觉得有趣的一页"等。也就是先触发"作业兴奋"心理，有了阅读的动力，后面的阅读过程才会比较顺利。

> **要点15** 只要开始行动了，"行动力"就会源源不断地迸发出来。为了能够开始，可以先降低目标的难度。

16

只要读完三行字就是你的胜利

凭此解决三分钟热度问题

去书店买习题集→回家，干劲十足→坚持了三天左右→做了几十页习题后，心生厌倦→打算留到明天再做→丧失做题动力，不想打开习题集→忘记自己买过的习题集。

这是在上一节中介绍过的我自己曾经经历的"三分钟热度"事件。我还介绍了可以通过树立一个甚至都不能称之为目标的超简单目标，来解决"三分钟热度"问题。下面我们就该问题展开进一步的思考。

如果反复经历"三分钟热度"，人就会变得越来越不愿自省，不再自责自己"总是半途而废""没有耐力"。实际上，这种"三分钟热度"可以说是人脑本身自带的问题，是所有人都可能遇到的情况。那么，为什么会走到这一步呢？

如果我们关注一下"三分钟热度"的心态变化，通常会出现以下的情况：刚买新的习题集或参考书时，一般都会干劲十足，觉得"做完这本习题集，就可以成功通过下次考试"，然后回到家里开始做题。刚开始时，"努力取得学习成果"的意志力还会持续，但是过了三天左右，人就会渐渐丧失学习的行动力，觉得麻烦，并开始怀疑"做完这本习题集后真的能通过考试吗？会不会做了也没什么效果？"，有了这种想法后，慢慢地就不想再去碰习题集了。

人的心态之所以会发生上述的变化，是因为受到了"维持现状偏差"心理作用的影响。所谓"维持现状偏差"，指的是因为担心尝试新事物可能会遭受损失，所以倾向于维持现状。例如，日本人投资股票、债券的比例比欧美人低很多，这可以说是因为日本人很少有投资股票、债券的习惯。对于很多日本人而言，投资是一个全新的事物。投资当然是有风险的，但日本人严重高估了投资的风险。许多日本人认为，只要投资就有可能会遭受损失，但如果不投资的话，就不会有任何损失。既然如此，那就干脆不要接触"新事物"，维持现状就好了。

16
只要读完三行字就是你的胜利

"维持现状偏差"的心理是一种非常顽固的心理现象。面临"获益"与"损失"二选一时,由于"避免损失"的心理非常强烈,人们更偏向于选择"避免损失",而不是"获益"。比如说:

(A)如果现在立刻去某地办理手续,就可以获得1000日元的兑换券。

(B)如果现在不立刻去某地办理手续,银行账户就会被扣除1000日元。

如果必须从上面两个选项中选择一个,你会选择哪个呢?由于"避免损失"的心理作用,会有很多人选择(B)选项。正是由于"避免损失"的心理作用会对人的行为决定产生深刻的影响,所以人们"维持现状偏差"的心理格外强烈。

回到对新习题集"三分钟热度"的话题。之所以"维持现状偏差"的心态会导致人越来越不想碰习题集,是因为人会怀疑"做完这本习题集真的有用吗"。如果耗费了巨大的精力做完了习题集,但最终没有成效,那所耗费的时间和精力就白白浪费了。也就是说,"不做那些做了可能会造成损失的事情"。

需要注意的是,遭受损失的可能性并不仅仅存在于尝试新事物中。关于尝试新事物,存在两种损失:

(1)因为尝试新事物而可能产生的损失。

(2)因为没有尝试新事物而可能遭受的损失。

"维持现状偏差"的心理可能会导致人们忽视了第2种损失的可能性。在做习题集这件事上,人即使想到了"因为做了习题集而遭受的损失",却可能想不到"因为没做习题集而遭受的损失"。然而,在现实生活中,后者对学习造成的损失会更大。因此,绝对不要对习题集只有"三分钟热度",这一点是非常重要的。

至此,我想你应该也明白了导致我们"三分钟热度"的心理有多么顽固。要想解决"维持现状偏差"这个顽疾,关键是要削弱该心理作用的根源性心态——"依靠这本习题集取得成效"。因为,只要不想试图通过做习题集取得成效,也就不会产生"如果没有成效就遭受损失了"的心态。基于上述逻辑,打开习题集时,把目标降低到

16
只要读完三行字就是你的胜利

"只要看看就行",人就不会觉得可能遭受什么"损失"。先给自己定一个目标:翻看习题集,哪怕只看开头的三行字也行。如果能做到并且超额完成任务,那么可以说,你这一天就战胜了"维持现状偏差"的心理。在这一次次小胜利后,就会有通过考试、拿到证书的"胜利"在等待着你。

> **要点 16** 为了克服"不想做可能造成损失的事情"的心理,关键是要先树立一个"不会造成损失的目标"。

17

不要把参考书放进书架里

有意把参考书放在随处可见的地方

17
不要把参考书放进书架里

保持学习行动力的技巧之一是,不要把与学习相关的参考书或习题集等放进书架里,而要把它们放在书桌上或是各种显眼的地方。如果可以的话,最好把参考书或习题集放到会被家里人责怪"太碍事了,收拾起来"的地方,比如客厅的桌子上或餐桌上等。换句话说,最好将参考书或习题集放在随时都能看到的地方。在日常生活中随处可以看见参考书或习题集,将有效刺激你去主动学习。

我在前文中提到过,物品具有诱使人采取行动的力量。人与物体之间存在一种关系——"功能可供性",指人会从自己能够感知的物体上发现意义并采取行动。如果面前刚好有一本参考书,那么人就会去翻开参考书;如果面前没有参考书,人就不会去翻参考书。把参考书放在随处可见的地方,是为了增加人翻看参考书的可能性。想要让重要的东西更容易映入眼帘,就需要把其他的东西收起来,保证自己确实能够看到重要的东西。即使故意把参考书放在桌子上,但是如果参考书被其他东西掩盖了,那就毫无意义了。

保证某样东西能够随时可见,还能防止遗忘。有的人为了减肥买了健身器械,刚买健身器械时还很激动,会积极锻炼。但时间久了,慢慢地就感到厌倦,甚至还会逐渐觉得昂贵的健身器械碍手碍脚,于是把它们全部收进柜子里,此后就再也没拿出来过,最后直接忘记了健身器械的存在。

在心理学上,有一种叫"单纯接触效果"的心理现象,即伴随着接触次数的增加,人会对接触对象——物品或人产生好感。将参考书或习题集放在随处可见的地方,就能增加人与它们接触的机会,从而减小对学习的抵触情绪,增加对学习的亲近感。学习中需要背诵时,始终将要背诵的材料放在身边,将有助于完成背诵。背诵的技巧其实很简单,就是增加与背诵材料的接触次数。接触的次数越多,自然就会慢慢记住。

我在读书时,会特意买两本最常用的参考书,一本放在家里,一本放在学校。起初是因为觉得"那么重的书,每天背来背去太麻烦"。但后来我发现,无论是在家里还是在学校,遇到不明白的问题时,我都能迅速地找到

17
不要把参考书放进书架里

参考书,非常方便。将参考书放在身边,有问题时马上就能拿出来查阅。因为使用频率太高,参考书最后都被我翻烂了。时至今日,这些参考书仍然是我的"好伙伴",每次看到它们,我就觉得十分亲切。

> **要点 17** 有意将学习中使用的参考书或习题集放在随处可见的地方。

18

逃到步行5分钟路程的咖啡店去

"假想监视者"会让学习效率倍增

18
逃到步行5分钟路程的咖啡店去

在拥有大把自由时间的休息日早上，人们往往会感到充满活力，立志"今天要发奋学习"。但是，这股劲头难以维持长久，顶多坚持到上午，然后很快就消失了。吃完中午饭，到了下午2点钟左右时，人会感到疲倦，根本无法集中精力学习。但是难得休息日有时间，如果不用来学习，那岂不太浪费了。遇到这种情形，可以逃到附近的咖啡店去，人马上就会满血复活。

此时最关键的问题是，步行去咖啡店还是慢跑着过去呢？我认为，应该有意识地在去咖啡店的路上活动一下身体。因为学习疲倦时，身体也会积攒很多压力，所以要通过去咖啡店途中简单的运动来巧妙地化解这些压力。美国佛罗里达大西洋大学的一项心理学研究发现，5~10分钟的快步走可以缓解压力。

逃离的目的地是咖啡店。由于咖啡店里通常有其他的顾客和店员，他们可以成为"假想监视者"，督促自己学习。即使桌子上摆着学习用具，自己却一直在刷手机或者趴在桌子上睡觉，那么很可能会被别人奚落说"那个人从一开始就没有学习"。这种"周围人在看着我""可能会被认为没在学习"的意识可以帮助自己集中注意力，专心学习。人受到来自他人的关注时，会倾向于回应对方的期待，将更有可能取得成果。这种现象在心理学上被称作"霍桑效应"。

从20世纪20年代至30年代，哈佛大学商学院教授乔治·埃尔顿·梅奥在伊利诺伊州西塞罗市的霍桑工厂做过一个实验。在实验中，梅奥调查了工厂环境（如厂房照明）、劳动条件（如工资水平）等与工人生产效率之间的关系。梅奥尝试制造了许多可能会影响生产效率的状况，无论是调暗厂房的照明还是调差劳动条件，生产效率都是不降反升。随后，梅奥发现，生产效率的提高其实与被派往工厂进行实验的调查员有关。咖啡店里的顾客虽然并不会有意地互相监督，但是人们会不由自主地在意其他人的存在或举动。正是因为有这些人的存在，所以能够促使人们集中精力学习。

在咖啡店学习，还能产生"截止效应"。比如，在咖啡店待上几个小时却没有学习，会使人产生愧疚心理，于是会促使人下决心"在一小时内看完XX页"。

可以说，咖啡店是一个非常适合自己给自己设定限制的地方。

选择自己觉得"待在那里会很开心"的咖啡店

有时候习惯了同一家咖啡店后，会难以集中注意力。这是因为"不知道在学习顺利的终点，会有什么令人兴奋的事物在等着自己"。比如说，即使都是以"托业考试（TOEIC）考900分"为目标而学习的人，他们的学习动机也会有所不同。一个人的动机是"如果实现目标的话，我就能应聘到美国某公司。实现自己在那里参与电影制作的梦想"。另外一个人的动机是"如果实现目标的话，有利于自己找工作"。由于两个人的学习动机不同，所以他们的学习行动力也会不同。前者清楚地知道，如果好好学习，就会有一个令人兴奋的前途在等着自己；但后者的兴奋感就很模糊，或者说几乎没有。前者估计去任何咖啡店都能产生"咖啡店效应"；但是后者因为本身对学习就不感兴趣，所以很难产生"咖啡店效应"。为此，可以先重新审视并确定自己学习的动机或目的。

对于后者，我建议选择"待在那里会很开心"的那种咖啡店。即使都是咖啡店，店里的菜单内容也会各不相同，店员与顾客的交流方式也不一样。有的咖啡店的店员只是向顾客提供"商品和环境"。有的咖啡店的店员则会积极与顾客进行沟通和交流。还有一些咖啡店的店员会跟老顾客打招呼"最近经常来啊"；若很久没去的话，再次光临时，店员还会问候顾客"好久不见"。如果一个人觉得热情待客的咖啡店能让自己感觉舒服，那么就会产生"因为在那里待着很舒服，所以能好好学习"的想法。对学习本身不感兴趣的人往往缺乏"自主动机"，所以需要很好地利用"外在动机"来督促自己学习，比如"在咖啡店愉快地度过时间"。

> **要点 18**　疲于学习时，快步走到附近的咖啡店去。

19

集中学习 1 小时后
就放松 10 分钟

这才是正确的休息方式

反惰性
50个方法让你具有超强行动力

有的人到了夏天就想去游泳,有的人到了冬天就想去滑雪,而我一年四季都想踢足球。你是否也有过这样的体验:头一天抛开一切尽兴玩乐,第二天就会觉得,"今天心情莫名地好啊,工作进展如此顺利"。这说明,如果身体和大脑得到了充分的休息,压力得到了排解,做事的专注力就会得到提升。因此,适当的"休息"对人来说是非常重要的。有意识地休息有助于恢复人的专注力和行动力。不过,需要注意的是,在学习疲倦时,毫无计划地随意休息会导致事倍功半。想要提高休息的效果,就需要遵循身体的作息规律。"专注→休息→专注→休息→专注",关键是要做到有张有弛地休息。

举例来说,设定好专注时间和休息时间的间隔,如"专注30分钟后,就休息10分钟",并严格执行。之所以要做这样的设定,是因为人很难做到连续90分钟以上专注于同一件事情。因此，专注学习的时间最长不能超过90分钟，最短设定15分钟也行。休息时间的长短可根据专注时间的长短而定。比如，专注90分钟后，就休息20分钟；或者专注60分钟后，就休息10分钟；或者专注30分钟后，就休息5分钟；或者专注15分钟后，就休息3分钟。设定好一组专注时间和休息时间的间隔，然后不断地重复同一组时间安排。

为什么将专注时间最长设定为90分钟呢？这是根据我们人体生物钟的"超昼夜节律"而定的。人类拥有被称为"昼夜节律"的"体内生物钟"，所以人类一般夜晚睡觉、白天劳作，睡意会在凌晨2~4点钟达到峰值。

但是，人体生物钟同时还有一个以90分钟左右为周期的"超昼夜节律"在不断重复，这导致即使是在白天，人也会每隔90分钟（即便当事人毫无意识）就进入大脑放空状态。所以，强行逼迫自己努力90分钟以上是不可取的。

就像前文提到过的，在休息时间里，最好充分地放松身体。如果休息 5 分钟，可以做个简单的健身操；如果休息 20 分钟，可以去附近的便利店买点东西。需要注意的是，虽然坐在座位上懒洋洋地刷手机似乎也可以转换心情，但是如果想恢复专注力，最好还是把手机放下，活动活动身体。

> **要点 19**
>
> "专注 60 分钟──休息 10 分钟──专注 30 分钟──休息 5 分钟"，设定好专注与休息的时间间隔并不断重复该组时间安排。

20

不看参考书上的最后 3 个问题

敢于戛然而止，反而能激发做题的欲望

在上一节，我曾提到"设定好专注时间与休息时间的间隔，如'专注 60 分钟后，就休息 10 分钟'，并严格执行"。如果要补充的话，那就是为了避免自己在专注时间里老是去看时间，最好准备一个计时器，设定好时间，一旦按下计时器后，就全神贯注地开始学习或工作，时间一到，不管手头的活有没有干完，都马上停下来。如果是简单的计算问题，可以先把那道题做完再休息。如果是应用题等复杂的问题，即使没有做完，也先停笔休息一下。严禁出现"做完这一页""做到做不出来的时候再休息"的想法。优先恪守时间，而不是等到所做题目"正好告一段落"。严格执行专注时间和休息时间才是正确的做法。

在我指导过的学生中，曾经有人质疑过我的休息方法："那样的话，岂不总是半途而废吗？"但实际上这种半途而废是允许的。因为人在休息后，想继续学习或工作的心情会更加高涨。相较于已经做完的事情，人们对

20
不看参考书上的最后3个问题

尚未处理完的事情的印象更加深刻,这在心理学上被称为"蔡格尼克效应"。比如说,你是否对还差一点就完成的工作尤为在意?或者在跟朋友交谈时,会对朋友欲言又止的"啊,不是什么大事,你不用在意"的话莫名地在意?其实在生活中,人们会很在意有始无终或者戛然而止的事物。

在学习时,优先恪守时间而不是"正好告一段落",敢于中途暂停,是为了制造出"不得不在意"的状态。因此,中断学习并非坏事。习题集上的习题还剩一道题没做,阅读理解的文章才读了一点,释义只懂了一半……这都没关系。"不想半途而废"的心理会转变为下一次学习的动力。我在学习工作时,有时还会避免在使用"蔡格尼克效应"时全力以赴,有意地为后面的任务"留有余地"。

我经常会在写稿子时使用这个方法。如果我竭尽全力地写,"好的,我尽力了。再也写不出更好的了。那么,第二天我会毫无写稿的动力,有时候还会觉得"因为昨天已经把想写的都写完了"。为避免丧失写作的行动力,我会故意中途停笔,"虽然还有一些想写的东西,但今天就到此为止"。这样的话,就会自然萌生出"想早点继续写"的想法来，第二天就可以顺利地开始写作了。

这个方法也适用于健身房的肌肉训练。在进行肌肉训练前，先制定好训练时间和训练项目，如"今天练30分钟的A项目和B项目"。这里最重要的是时间的设置。最好将运动时长设定为勉强刚好能够完成训练项目的时长。因为设定的时间很紧张，能够促使人们集中精力进行训练。如果结束时还是没有完成任务，那将有助于激发"下次还想做"的行动力。

> **要点 20**　敢于中途暂停学习。

21

完成一个课题后就召唤"精灵"

激发行动力的奖励与消耗行动力的奖励

反惰性
50个方法让你具有超强行动力

在迪士尼电影《阿拉丁》中，有一个住在神灯里的"精灵"，它可以帮助主人实现任意三个愿望。就像让精灵帮助自己实现愿望一样，人也可以在达到目标后奖励一下自己。这的确有助于提高行动力。只不过，在学习中使用这个方法时，需要多加小心。因为有的奖励可能反而会削弱学习动力。

荷兰NHTV布雷达应用科技大学的研究员杰·莱恩·纳温等人曾研究过人们计划旅行时和旅行过程中的幸福感指数。结果显示，在计划旅行阶段，幸福感指数平均能维持8周的高水平状态；旅行结束后，幸福感指数马上就恢复到平常值，高水平幸福感指数的维持时间最长不会超过两周。如果我们用奖励来鼓励学习，比如"做完这本习题集，就买最喜欢吃的XX"，这样就可以使自己持续保持一个高水平的幸福感状态，这就有助于促进学习。不过，做完习题集，吃完奖励的美食，心愿得到满足后，人的幸福感指数就会急速下降。如果奖品

21 完成一个课题后就召唤"精灵"

对于自己而言是极具吸引力的,那就可能还会产生"为了再吃一次而要好好学习"的动力,但那种奖励也就对两三次的学习有用。关于这一点,我在讲"蔡格尼克效应"时也提到了,人对已经完成的事物缺乏兴趣。换言之,设定"做完习题集→奖励"后,幸福感在获得奖励的瞬间达到巅峰,然后戛然而止,它并不能产生激发下一次学习的动力。

在学习过程中,若想取得好成绩,最重要的就是持之以恒。如果获得奖励就心满意足,那么就会丧失学习动力,这个奖励也就毫无意义了。因此,在给予自己学习奖励时需要多下点功夫,既要保证让努力过的自己感到高兴,又能激发继续学习的动力。

我经常推荐学习英语的女生将"看一部迪士尼电影"作为对自己学习的奖励。迪士尼电影中有许多佳作,不妨从中选择一部自己最感兴趣的来看,而且要看原声无字幕版的。迪士尼电影的台词大多相对简单,即使是对于刚开始学英语的人来说,也是容易理解的。如果自己听懂了影片的内容,就能获得"我听懂了"的感受。相反,如果遇到听不懂的地方,就会产生"那一段他们说的是什么"的疑问,这就会促使自己产生想把它们弄明白的学习动力。

"完成这个课题,就召唤'精灵'实现自己的愿望",这种自我奖励的方法是完全可行的。但是在学习时使用自我激励法的话,需要注意,既要让获得奖励的自己感到"开心、快乐",也要让自己拥有"以后继续努力"的动力。

> **要点 21** 让人感到"满足"并丧失行动力的奖励会起到反作用。因此,要准备既能让人感到满足又能让人产生行动力的奖励。

22

用大脑生动描绘自己的
美好未来

仅仅在脑海里想象理想是没有用的

反惰性
50个方法让你具有超强行动力

如果长时间一直持续学习,肯定会遇到学习瓶颈。这时,即使休息一下,或者准备奖励一下自己,或者降低目标,仍旧还是提不起兴趣继续学习。如果遇到这种情况,不妨干脆放下参考书或习题集,在脑海中想象一下自己理想的模样。比方说,当自己掌握了当下正在学习的知识时,当自己获得梦寐以求的资格证书时,自己会发生怎样的变化呢?自己会拥有怎样的可能性呢?具体想象一下自己未来理想的模样,然后把它们写到常用的手账或笔记本上,最好能贴在房间的墙上。

将理想写到纸上后,会产生"生成效果"。生成效果是神经心理学概念,指通过描绘出自己头脑中的理想的模样,思绪会得到整理,理想的模样能更加立于心中。也就是说,如果将目标或计划写在纸上,可以让其在大脑中更加明确清晰。

写出自己理想的方式可以自由选择,既可以写文章逐项列举,也可以写一个以自己为主人公的小说。如果

22
用大脑生动描绘自己的美好未来

有人擅长绘画，也可以通过画作来表现。要选择能让自己情绪高涨的方式。我因为绘画水平有限，所以选择写文章逐项列举。此时最重要的是，一定要实际动手将理想写出来或者画出来，而不仅仅是在大脑里想象"要是能变成这样就好了""将来应该能变成这样的"。写理想或者画理想的过程，以及阅读写下的文字或观看画作的行为，都非常有助于激发人的学习动力。

此外，还可以巧妙利用照片来激发学习动力。比如，在我指导的学生中，有不少人立志报考剑桥大学、牛津大学等英国名校，的确也有很多人实现了自己的目标。遇到这样的学生，我会先让他们先去搜集理想大学的资料信息。比如，理想的大学坐落在英国的什么地方，外观是什么样子的，在校学生是什么样子的等。这样做的目的是让我的学生能够具体描绘出自己理想大学的模样。现在，想要搜集信息非常方便，只需在网上，按话题搜索，就可以轻松检索到各种信息。我会让学生去照片墙（Instagram）上检索理想学校的照片，并标注出自己注意到这些照片的原因。

我在减肥时，就充分利用了这个"照片激励法"。生活中，有很多人整天都想着"我想减肥""我要减肥"，但是减肥成功后想拥有什么样的体型却是因人而异。有的人觉得只要体重减轻了就行，有的人除了减轻体重外还想增肌塑形。即便同样是增加肌肉，有的人想拥有健美运动员那样的强壮身材，也有人希望能拥有像游泳运动员一样的倒三角形的苗条体形。想要激发减肥的行动力，重要的是首先要具象化自己理想的身材。我减肥时，就是先上网搜索自己觉得理想的身材照片，将它们保存下来，并设为屏保。每次看到照片时，就能激励自己"我要练成这样的身材"。

> **要点 22** 试想一下努力学习后自己会成为什么样的人，具体写下或画出自己理想的模样。

23

使用没有格子的"纯白"
笔记本

找到激发行动力的"动力开关"

可以把自己喜欢的文具、饰品等当作自己专属的"动力开关"。比如说，有没有一些文具会让你觉得"用这个的话会学得很顺利""用这个的话会学得很开心"。如果有这样的文具，你不妨把它们当作自己学习的"动力开关"。

美国心理学家伯尔赫斯·弗雷德里克·斯金纳提出过"操作性条件反射"理论。斯金纳曾做过一个实验，他将鸽子放入箱子内进行观察。这个箱子上有一个圆形的窗户，光线从这里照进箱子内。鸽子如果走到窗了附近去啄窗户，在固定的时间点就能吃到鸟食。将一只饥饿的鸽子放进箱子里，最初它并不会马上就走到窗户处去乞食。但是，如果多次发生只要一啄窗户就能吃到鸟食的情况，那么这只鸽子逐渐就学会了啄窗户。所谓操作性条件反射，就是指当行为主体明白某个动作（鸽子实验中的"啄窗户"）会引起某种变化（鸽子

23
使用没有格子的"纯白"笔记本

实验中的"出现鸟食,吃到鸟食")后,就会开始做这个动作。

我在学生时代,考试时固定只用某个品牌的铅笔。那并不是什么特别的铅笔,只是非常普通的六角形HB铅笔。有一次考试,我用那个品牌的铅笔答题,答题过程非常顺利、轻松,令我自己都很意外。握着铅笔的手仿佛有了自己的意识,不断地在答题卡上写下答案。那次考试,我取得了我人生中最高的分数。我觉得能获得那么高的分数很大程度上得益于我当时使用的那支铅笔。所以,此后我只要参加考试,就绝对会使用那个牌子的铅笔。

另外,我平时都是用没有格子的"纯白"笔记本做笔记。我曾经很讨厌上课,因为我不擅长抄写老师的黑板板书并做笔记。老师在上课过程中,总是在前面板书的基础上,不断地添加新的板书内容。那时,我用的是带格子的笔记本,我是严格沿着格子抄写板书做笔记的,几乎没有多余的空白处来抄写老师新添加的板书。"老师怎么又在那里添加了板书?但是我的笔记本上没有地方写了啊。"直到高中时代的某一天,我恍然大悟,"原来黑板是没有格子的",所以老师可以不断地往上添加新的板书。我抄写板书时之所以会觉得别扭,是因为我被笔记本的格子束缚了。我发现,只要把自己的笔记本也换成没有格子的"纯白"笔记本,就可以轻松地解决这个问题了。

用了"纯白"笔记本后,我发现,没有格子的纯白页面很宽敞,让我感受到了自由,我可以随心所欲地写字了。因此,我以后基本就只用"纯白"笔记本了。开会时、坐在书桌前想点子时,我用的都是"纯白"笔记本。现在,看到"纯白"笔记本,我就会产生做事的行动力。可以说,"纯白"笔记本已成了我的"动力开关"。

如果拥有自己专属的"动力开关"的话,就能很方便地顺利开始学习。只不过,寻找"动力开关"的过程具有偶然性。因为这需要将"很顺利!当时正好用了这个"的正向体验与具体的物品相联系,但那又是自己无法有计划获取的。所以,当你做某件事体验到"成功了""很顺利"的时候,不妨找一找与之相关连的东西。比如,当你感受到上述的那种正向体验时,马上检查一下你自己正在使用的或者穿戴的东西,如正在使用的文具、当时系的领带、插在西装口袋上的小方巾、手腕上戴的手表或者身上佩戴的首饰等,这些东西都可以充当自己的"动力开关"。

> **要点 23** 觉得"很顺利""成功了"的时候,马上检查自己当时正在使用的或穿戴的物品。

24

将买了却没读过的书放进包里

只要增加看见的频率，
就能激发阅读的欲望

24
将买了却没读过的书放进包里

最近，很多书在出版时会同时推出纸质书和电子书。对于那些看不进书的人来说，我推荐看纸质书。这是因为人们很容易忘记电子书的存在。虽然电子书不会像纸质书一样占用物理空间，可以装进电子书阅读器或者智能手机里，非常方便，但是，那些必须读的书也容易被埋没在其他信息之中。我属于纸质书派，很少买电子书。有时，我偶尔扫一眼Kindle，时常会发现，"我之前买过这本书啊"。可是，因为这些书被埋没在其他电子书之中，导致我错失了阅读它们的机会。换言之，电子书难以促使人主动地去读书。如果是非常喜欢阅读的人，看电子书倒也没什么问题，但如果是"看不进书，但又想多读点书"的人，我推荐阅读具有存在感的纸质书。

每天早上，不妨往包里放一本纸质书。由于纸质书有一定的重量，这份重量会大大提升书的存在感，人眼看到书的机会就会增加。接触的机会一旦增加了，采取行动的概率就会随之上升。所以，如果随身带了纸质书，切记一有时间就要翻开阅读,即使只读1分钟、2分钟,甚至是1秒钟、10秒钟。

一天之中其实有许多的间隙时间,比如在车站等电车的时间,等约会对象的时间,中午吃饭时等饭菜端上桌的时间等。在这些间隙时间里,不妨翻开书。可能有人会觉得这样的阅读没什么意义,"只有几秒钟,看不了什么东西吧?反正读到中途也会停下来的"。其实,这种看似"戛然而止"的办法在此时也是有效的。前面我曾介绍过"蔡格尼克效应",即人会对尚未完成的事情记忆更加深刻。"蔡格尼克效应"也适用于读书场景。只要翻开书,即使只读几秒钟,你也会看到一些文字。这些有始无终的信息会让人有"想多读点""再多读些"的感觉,会促使人继续读下去。

我经常利用这个方法去阅读定期购买的杂志。尤其是那些比较厚的杂志,虽然自身很有存在感,但因为是订购的,会定期自动邮寄过来,所以很容易被埋没在其他书籍中。时间一长,我也就逐渐忘记自己订购过杂志这件事了。直到被自己的员工提醒"不仅这个月的杂志没看,上个月的杂志也还没拆封"时,我才注意到"哎呀,完全忘记了"。这时候,我就会把那些未拆封的杂

24
将买了却没读过的书放进包里

志全都拆封，然后放一本到自己的包里。我外出办事时，只要有机会就拿出来看一下。最开始只是随便浏览一下文章的标题，但往往不知不觉地我就已经在认真地看每篇文章了。

就读书而言，我建议不要从头到尾完完整整地读。因为一旦有了"必须彻底读完这本书"的想法，那就会成为读书的最大障碍。我觉得精读不一定能促进人的成长。我喜欢阅读，是因为读书可以让我接触到新知识，让我了解到自己专业以外的信息，让我可以俯瞰整个世界，对我的工作大有裨益，经常会产生"这个跟我的领域其实也一样啊"等发现。并非只有彻底读完一本书，才能发挥那本书的作用。与其因为"必须读到最后"的压力而打退堂鼓，最后放弃读书，不如先从某一页开始读起，这种阅读方式才可能助力自我成长。

> **要点 24** 读不进书的人可以选择读纸质书而非电子书，并且每天随身携带纸质书。

25

关注备考相同考试考友的推特

手机也能变成最有力的伙伴

25
关注备考相同考试考友的推特

很多人都有一个坏习惯，即学习过程中一旦拿起智能手机，就会不断地刷下去。智能手机既是阻挠学习的最大敌人，也能成为激发学习行动力的最强助手。既然智能手机是所有工具中最常伴在身边的工具，我们无法摆脱它，那就好好利用这个最强工具吧。如何利用智能手机呢？使用方法之一就是，在推特等社交网络平台上，关注备考相同考试的人或者朝着同一个目标努力的人。

以推特为例，如果是正在学习英语的人，可以通过"英语学习"的话题或关键词等，检索找到正在努力学习英语的人的账号。在那里，可以看到"今天做完了一轮XX习题集""本周背了200个单词""今天从9点钟开始学习到了傍晚"等许多积极向上的推文。一个人看到别人因为某个行为而获得利益时，会学习模仿并采取同样的行动。这在心理学上被称为"替代性强化"。比如说，哥哥努力帮忙做家务，从父母那儿得到了额外的零花钱，弟弟看到后也会学着哥哥的样子，帮忙做家务以获得额外的零花钱。人们听到东京大学的学生说"我用这种方法做笔记考上了东京大学"后，一般就会模仿其做笔记的方法；听到艺人说"我用这种减肥方法瘦了 X 公斤"，就会模仿其减肥的方法。这些行为都属于"替代性强化"。在推特上关注朝着同一目标努力的人，就是利用了"替代性强化"理论。如果你在推特上关注的人介绍了自己的成功经验，你就更有可能产生"我也想试试""我也模仿一下"的行动力，并且采取实际行动的概率也远高于自己独自学习的时候。

想要很好地利用"替代性强化"理论，就必须认真地挑选关注对象。若是选错了关注对象，反而会削弱自己的学习行动力，让你觉得"稍微懈怠点也没关系""反正那个人也偷懒，我今天就给自己放假好了"。在选择关注对象时，一定要选择能够给自己积极动力的人。比如，那些与自己目标一样的人，或者那些与自己处境相同的人，或者比自己更加努力的人、已经取得了成果的人和比自己更接近目标的人等。

另外，最好多关注几个人，而不只是关注一个人。这样一来，每天就都能收到"今天我又做了 XX 页的习题""昨天做完了 XX 页"等信息，这样可以随时了解到

25 关注备考相同考试考友的推特

其他人努力的情况。人在看到别人的一些努力后，自然就会产生自己也要努力的心理，"我再努力努力吧""既然这个跟我一样忙的人都能做到，那我也应该能做到"，从而激发自己继续学习的行动力。如果你有朝着同一目标努力的朋友，那么你不应只是被动地接收信息，还可以主动地发送信息，形成一种双向的信息交流。这种双向的信息交流有时会产生意想不到的效果。一般而言，人都希望向他人展现出更好的自己。这种"不想被朋友觉得自己在偷懒"的心情反而会成为巨大的学习动力源。

> **要点 25** 关注与自己处境相同的人或与自己目标一样的人的社交网络账号。

26

选择善于倾听的人作为
自己的商量对象

不要找不擅长提出建议的人商量

26
选择善于倾听的人作为自己的商量对象

遇到学习进展不顺利、一直没有动力的情况时，如果能找人倾诉一下心中的烦闷，有时候能帮助自己恢复学习的行动力。需要注意的是，寻找一个合适的倾诉对象是很重要的。如果不认真仔细挑选倾诉对象，随便找人倾诉的话，反而会削弱学习行动力。如果可能的话，最好找专业人士来充当你的倾诉对象。比如说，职业学习顾问或者咨询师等。

我在工作中就经常接到有关学习方面的咨询。以我的经验来看，很多来咨询的人其实心里早就有了"答案"，只是他们自己尚未察觉到而已。因此，我在接受咨询时，基本上不会提出什么具体的建议，而只是顺着对方的话，不断地提问"最近怎么样？""你为什么会那样想呢？""那你自己是怎么想的呢？"引导对方说话。一般来说，咨询者会根据我的提问，从多个角度展开思考，开始倾诉自己的烦恼。渐渐地，咨询者就会从自己有感而发的话语中发现,"啊,原来我是这么想的",进而在交流过程中找到思路的线索,有新的发现——"说不定就是这么回事儿",其烦恼也在这个过程中逐渐得到消解。

只要咨询者在交流过程中不伪装自己,将自己的烦恼和想法全部说出来,咨询者就会自己找到解决问题的线索,这样一来,咨询者也就能摆脱烦恼,神清气爽,恢复学习的行动力。

咨询中最常见的学习烦恼是,学不好的原因不在于学习方法,而跟其他问题有关。比如说,有一些人明明很想在托业(TOEIC)考试中考取高分,却总是学不好。细究原因,其实他并非真的是想考高分,而只不过是想考一个高分给职场上那些蔑视他的人看。遇到这种情况,我就会问那个咨询者:"你是想反抗他们?"当事人会顿时语塞,随后就会发现,"原来我那么想提高自己的考试分数,仅仅是为了回击那些职场上瞧不起自己的人"。其实,有时候能真正消除烦恼的办法,不是在学习上取得好成绩,而应是在工作上取得好成果。

因此，咨询时一定要认真挑选倾听对象。有很多咨询师在咨询中，会忍不住提出自己的建议，而这些建议有时候实际上是错误的。如果咨询者好不容易下决心向别人袒露心声，希望获得好的建议，但实际得到的却是很差的建议，或者在倾诉中途被倾听的人转换话题，又或者自己的行为、想法遭到对方的批评等，这些会让咨询者更加烦闷。与其这样，还不如从一开始就不说。

如果要跟非专业人士倾诉的话，我推荐你选择那些只听不说的人，也就是那些只会点头说"嗯嗯""哦哦哦""这样子的啊"的倾听者。虽然生活中很难遇到这样的人，但他们是最佳的倾诉对象。如果找不到好的倾诉对象，那就把自己的想法统统写到笔记本上。得克萨斯大学的一项研究发现，书写讨厌的事情比谈论讨厌的事情更能缓解精神压力。

得克萨斯大学奥斯汀分校的詹姆斯·彭尼贝克教授曾以遭受过性侵犯等伤害的受害者为对象，做过一项帮助这些受害者走出被害阴影的研究。具体方式是，詹姆

反惰性
50个方法让你具有超强行动力

斯要求受害者们每天就所遭受的悲惨事件写 10 分钟的日记。他发现写日记的实验组比不写日记的对照组能更快地摆脱心理阴影。所以,当你有了烦恼时,不妨打开本子尽情抒发,将自己的想法记录下来。

> **要点 26** 向他人倾诉自己的烦恼或想法,有助于恢复学习行动力。

第三部分
PART 3

保持头脑 24 小时清醒，让身体状态达到巅峰——
超强体魄

27

想象自己的照片墙美照

开始运动时 1% 的付出决定 99% 的减肥成效

27
想象自己的照片墙美照

有一次我翻到自己多年前接受某商业杂志采访时拍的照片,感到无比失望,心中不禁叹息道:"哇,太糟糕了。"因为杂志照片上我的模样与自己的理想身材形象相差甚远。后来,为了改变身材形象,我对身材管理和健身运动变得积极主动起来。最终的结果是,我成功减重19公斤,并一直保持到现在。我认为,减肥和运动贵在坚持。我从自己的减肥经验中感受最深刻的是,想要坚持下去,关键是要保持高水平的运动行动力。

如何才能保证高水平的运动行动力呢?首先是想象在照片墙(Instagram)上晒美照时自己的身材形象。无论你是否在使用照片墙,假设你想要在上面呈现自己减肥成功后的照片,你觉得什么样的身材会更好看呢?这样做的目的其实就是让你具体想象一下自己减肥或运动后想要得到什么样的身材。不能只是很抽象地觉得"想更紧致一些""想得到帅气的身材",而要思考具体的目标身材是什么样的。我推荐这个办法的科学依据是,

反惰性
50 个方法让你具有超强行动力

美国社会学家罗伯特·金·莫顿提出的"自证预言"（又称"自我应验预言"）理论。

所谓"自证预言"，是指人会相信预言（即使是毫无根据的预言）并采取行动，以至于最后这个预言得到了应验。莫顿举了一个例子：一旦银行传出破产消息，储户就会蜂拥而至要求取出存款，最后导致银行真的破产了。考生固执地认为"肯定会考砸"，于是闷闷不乐，复习时间也缩短了，最后果然考试考砸了。又比如，突发的疫情曾一度导致卫生纸、餐巾纸断货。这是因为许多人相信了"今后卫生纸会供应不足"的谣言，导致许多人去超市疯狂抢购卫生纸，最后谣言果真"应验"了。

"自证预言"也适用于个人目标。以减肥为例，即使想变瘦，但觉得"现实中没有可行性"，那么健身减肥的运动时间也会变短，最后果然没有变瘦。为了防止从"也许不会瘦"变成"真的没有瘦"，要从一开始就树立明确的目标，想象拍照时会让自己看起来更漂亮的身材。

> **要点 27** 不能只是很抽象地"想变瘦""想更紧致一些"，而是要明确自己想要拥有的理想身材是什么样子的。

28

关注社交网络上的运动达人

目标设定无须过高

为了减肥成功,就要在开始减肥时认真思考自己理想身材的样子。在此,推荐你找到具体的理想身材榜样。当然,那个榜样最好也是减肥成功者。假如你还能知道你的榜样是怎么成功减肥的、如何限制饮食的、是否每天都去健身房等,那就更好了。人如果能具体看到自己榜样的减肥成功历程,会产生"自己也可以试试"的想法。这就是我在前文介绍过的"替代性强化"。

寻找榜样的关键是要找到那些自己有可能企及的人。如果一开始就去找那些全球有名的职业运动员或者专业模特当自己的榜样,很可能最终无法实现梦想。因为这些人的身材太优秀了,对普通人来说遥不可及,把他们的身材当作自己减肥的目标身材,难度太大,很可能马上就会让人失去信心、宣告减肥失败。因为人们都有归因心理。所谓归因心理,是指人们会为一些原因不详的

28
关注社交网络上的运动达人

事情寻找理由进行解释。面对想完成（或者必须完成）的课题的失败，人们也会去寻找原因进行解释。寻找原因的方法有四种特定的模式，被称为"归因理论"。这四种特定模式分别是：①自身先天或潜在的能力；②自身的努力；③课题的难度；④运气。比如，减肥失败了，如果是第一种归因模式，那就是"我本来就是易胖体质"；如果是第二种归因模式，那就是"我自己不够努力"；如果是第三种归因模式，那就是"减20公斤的目标本来就太难实现了"；如果是第四种归因模式，那就是"宣布减肥后，马上收到了许多美味的伴手礼，我太不走运了"。

如果减肥失败了，采用的是第二种归因模式，将失败原因归结为自己不够努力，那还很有可能会继续坚持减肥。但如果采用了其他三种归因模式，那减肥的行动力就会下降。将职业运动员、专业模特等过于遥远的身材榜样设立为自己的减肥目标，也会导致人们容易采用第二种归因模式以外的其他三种归因模式。也就是说，人很容易将自己的减肥失败归因为"我的体质决定了我本来就不可能练成他们那种身材""立志练成模特身材

反惰性
50个方法让你具有超强行动力

的目标本来就太难实现了"等。因此,我们要寻找那些有可能企及的人作为自己的榜样。读者不妨去社交网络上寻找这样的人,找到后,关注他们的账号,确保自己能经常看到他们的最新状态。

> **要点 28** 想减肥塑形的话,关键是要找到具体的理想身材榜样,并以那个人为目标,努力减肥健身。

29

除了体重,更要关注多项指标

减肥时的"体重"变化并不总是正确的

人在减肥时，每天都会关注自己体重的变化，但想要减肥成功，就不能仅仅只是关注体重的变化。人如果能在做事时感受到自身的成长或者取得的成果，就会产生"再接再厉""还想继续干"的想法，反之则会丧失行动力。虽然体重是减肥的重要指标之一，但减肥时不能只看体重数值。换言之，如果只看体重，有可能无法切身感受到减肥的成果，这就会削弱减肥的行动力。

比如说，如果努力健身的话，肌肉量会增加，体重也会随之增加。因为肌肉量增加，脂肪就难以堆积，所以即使体重增加了，但从实际成效来看，这样的减肥是成功的。可是，对那些只看体重数值的人来说，他们可能就会非常失望："我这么努力减肥，怎么体重还变重了？"实际上,体重减轻有时候还可能是因为缺水导致的。如果前一天有个聚会，喝了很多酒或者饮料，即使没有吃什么菜,第二天称体重时,体重也很可能增加。这时,那些只看体重数值的人就会觉得:"明明我努力节食了,怎么还变重了?"如果这种情况反复出现,人就会怀疑"节食的意义到底是什么"。所以,减肥时不要只看体重,还应同时注意其他的指标。如果只关注体重数值变化的话,减肥是很难坚持下去的。我现在用的体重秤自带App。我称体重时,App会同步显示并保存当时的体重、体脂率、肌肉量等身体指标数据。我每次都会查看我的相关指标数据变化情况。

剑桥大学的研究团队曾在《英国心理学杂志》(电子版)上发表过一个研究成果,他们发现,人的记忆力、专注力会随着体脂率的增加而降低。研究团队邀请了BMI(身体质量指数)为18~51的男女共50人(18~35岁的女性占72%)参与调查。BMI18.5~24.9为"标准体重",超过25为"肥胖",超过30为"重度肥胖"。研究人员让这50位被试连续两天在电脑上玩寻宝游戏,测试他们的"情境记忆"能力。这个游戏会不断地在屏幕上显示藏有各种宝藏的复杂地形图(比如长满椰子树的沙漠),然后让被试回忆宝藏的位置。情境记忆能力是一种强记忆能力,即人将自己隐藏某件物品的过程变成故事,据此来记忆该物品的藏匿地点。以减肥为例，情境记忆能力关系到能否清晰地回忆起头一天晚上吃过的食物以及食物的数量。剑桥大学研究团队的测试结果显示，与标准体重的人相比，肥胖者的成绩平均低了15%，而且BMI越高，记忆越模糊。由此也可以看出，人应该尽可能地减少身体脂肪。

因为平时会健身，所以我会关注肌肉量，肌肉量的数值可以立刻反映出健身的运动量。一段时间不去健身房，肌肉一下就会减少一公斤左右。而且，肌肉量降低会导致新陈代谢也变慢。反过来说，努力健身，即使自己感受不到减肥的效果，但是可以看到肌肉量的变化，这样就能激发健身的行动力。如果只看体重数值，就会打击健身的积极性，所以我基本不关注BMI。

虽然BMI是国际上常用的衡量人体胖瘦程度的一个标准指数，但那只是综合评价身高与体重是否相称，它并不考虑脂肪与肌肉的比率。即使BMI是正常的，但如果体脂率很高，就不能算作健康。因此，想要坚持减肥，不能只看体重，还要注意体脂率、肌肉量等多项指标。

拥有多个参照系也有助于工作学习

这个拥有多个参照系的方法不仅适用于减肥、运动，也可以用来提高工作学习的行动力。

我们总是容易用一目了然的"量化指标"来判断事物的成果。比如，在工作上，我们只关注销售量增长了多少、新签了多少份合同、新获取了多少位顾客，等等。在学习上，我们只关心成绩提高了多少、偏差值提高了多少、成绩排名上升了多少，等等。如果只是关注"量化指标"，取得了不错的结果还好，否则就会觉得"我这么努力也没有提升销售量""我这么努力，成绩也没有提高"，这就容易丧失做事的行动力。在现实生活中，有很多成果是不能通过数字来展现的。有的工作即使没能让销售量短期内迅速增加，但对于未来是有帮助的。在学习过程中遇到的老师、看过的文献等，都有可能给人生带来巨大的转变。如果能够同时注意到这些"品质指标"，你就会发现，"虽然销售量降低了，但是积累了新的经验，下次要吸取教训""虽然这次没考好，但找到了很好的资料，我要加强学习"。在观察事物时，摆脱之前的"框架"，从别的"框架"来捕捉目标，这在心理学上被称为"重构"，即换一个角度来看事物，这样将导致心情、思路发生变化。以减肥为例,"重构"就是不仅看体重,还要看体脂率、肌肉量。在工作学习上,不仅要看"量化指标",还要看"品质指标"。如果拥有多个参照系的话,就更容易"重构"目标,而这将有助于维持减肥、工作或者学习的行动力。

> **要点 29**　减肥时,不要只执着于减轻体重,同时还要看体脂率、肌肉量。

30

提前支付 6 个月的
健身房费用

反向利用"沉没成本"心理

反惰性
50个方法让你具有超强行动力

　　花钱健身简单易行，对于保持运动、减肥的行动力而言也是非常有效的。这是因为花了钱之后，就可以巧妙利用"沉没成本的咒语"的心理来维持运动、减肥的行动力。沉没成本是指已经支出且无法收回的费用。在现实生活中，一旦存在沉没成本，那么人就会觉得，"既然花了钱，那就不能白白浪费了"。

　　比如，在电影院看电影，即使觉得电影"非常无聊""不符合自己的审美喜好"，但是除非有很重要的事情，一般人是不会中途离场的。因为已经支付了票钱，如果不看完的话，会觉得浪费。企业很难从负债项目中抽身，也是因为沉没成本心理在作祟。已经投入了巨额的资金，在没有收回成本之前就终止，太浪费了。类似上述的情况，明明继续坚持会造成更大的损失，但是因为舍不得已经投入的成本，所以无法停下来。这种情况被称为"沉没成本的咒语"。

　　人在坚持运动、减肥时，可以巧妙地反向利用这个"沉

30
提前支付6个月的健身房费用

没成本的咒语"心理。举例来说，加入对于自己来说稍显昂贵的健身俱乐部，或者提前支付半年的健身房费用，这样一来，"既然交了那么多钱，就要好好努力""既然已经交了会费了，不去的话太浪费了"的想法会督促你去健身房运动健身。而且，金钱会提高"半途而废"的难度。现在基本上可以通过网络、YouTube（视频网站）免费学习任何东西，但是想完全只靠YouTube来学习是不切实际的。我对新事物产生兴趣时，也会先去YouTube上搜索视频来学习。不过，我常常连一个视频都看不完就放弃了。因为通过YouTube来学习是免费的，放弃的成本也非常低，如果不想学习了，就会毫不犹豫地停下来。但是如果花了钱就不一样了。"既然特意付钱了，那就再坚持一下。"此外，在运动、减肥上花钱，还能促使人对时间成本变得敏感。

我一般在早上去健身房。比如，我在跑步机上跑了30分钟，跑步机的操作界面会显示我消耗的卡路里数值为400千卡。那么，如果我再看见想吃的蛋糕时会马上想到："等一下，今天早上好不容易花时间去健身房消耗了400千卡卡路里，加上往返的时间，差不多用了1个多小时。吃蛋糕只需要3分钟，但为此我上午的一个多小时就白费了。"这样一权衡，我就会觉得不值得，于是我就会放弃吃蛋糕。

同样是 30 分钟，如果自己只是在附近散步或者跑步，那么很难有这种沉没成本意识。有意识地花费金钱、时间和精力，可以激发"不能白费了这个支出"的心理，这就有助于保持运动、减肥的行动力。

> **要点 30**　人一旦付出了金钱，花费了时间，就会产生"收回成本"的想法。运动、减肥时要好好地利用这种心理。

31

购买特别中意的运动衣

看似寻常的行为具备超大的能量

反惰性
50个方法让你具有超强行动力

当我厌烦了去健身房或者最近不怎么去健身房的时候，我就会去购买新的健身衣或运动鞋，而且会选择购买那些能够让我产生"我想穿这件衣服""我想穿这双鞋"去健身的想法的商品。我一般会特意选择那些价格有点贵的衣服、鞋子，因为这样一来"沉没成本的咒语"就会发挥作用。"既然买了这么贵的衣服和鞋子，那就继续努力吧"，这样的想法可以帮助我重新找回运动健身的行动力。

虽然我定期去健身房健身，但说句心里话，我并不喜欢健身。那我为什么能坚持下来呢？这是因为我认为健身会让我的身材变得好看、肌肉量增加、体脂率降低，我能切身感受到自己在不断地接近理想的目标身材，这让我感到愉悦。当然，健身时，人并非每天都能看到自己身体的变化，有时候连续几天、几周都没有任何的变化。在这种缺乏激励自己坚持下去的奖励时，人们就只能准备其他的激励措施了，比如去买新的健身衣和运动鞋。

31
购买特别中意的运动衣

如果在去健身房之前，有"穿上这件衣服或鞋子很高兴"的感受，那么人就会产生"想去健身房"的行动力。另外，高品质的健身衣和运动鞋，更容易挖掘出人的潜力。人在大脑中清晰地描绘出自己穿上那套健身衣或者运动鞋时的样子时，会不由自主地兴奋激动起来，这就会激发人运动健身的行动力，这也是基于"功能可供性"的心理。研究者们认为，购买了优质商品后人的后脑顶叶（掌管工具使用的区域）的能力会得到很好发挥。去健身房时，选择适合自己的运动、选择恰当的时间段，这些对于维持运动的行动力都非常重要。

我以前去的健身房，早上有很多老年人在锻炼，所以整个健身房的气氛会很悠闲、平静。过了上午 10 点钟以后，认真健身的人就会逐渐增加，互相之间会无意识地比拼身材。等到了傍晚，身着西服的商务人士开始变多，有许多是与我身处相同环境、出于同样目的来运动的人，这时我就会产生"啊，那个人今天下班后也来运动了，我也要努力"的想法。

社会心理学家罗曼·特里普力特曾通过实验发现，同样的距离，自行车运动员单独骑行的耗时比与同伴一起骑行时的耗时要长。另外，实验也证明，同样的长度，一个人收钓鱼竿钓线的效率要比一群人一起收的效率低。纽约大学的一项研究也发现，同样的距离，多人跑步的耗时要比单独跑步耗时短。这些实验结果说明，身边有竞争对手，可以帮助提高专注力，取得更好的结果。

> **要点 31** 当你觉得运动、减肥枯燥无味时，可以准备其他的奖励。那份奖励将催人奋进。

32

穿着运动衣睡觉

一箭双雕解决"不想运动"和
"不想起床"问题

有些人想在上班之前或者休息日的早上去慢跑，但却总是感到心有余而力不足。即使头一天晚上下决心明早一定要去跑步，但到了第二天早上却还是起不来。你是否也遇到过这样的情况？或者说，即使努力尝试开始早上慢跑，但是坚持了三四次后就坚持不下去了。为什么养成早上运动的习惯会这么难呢？原因之一是，就像"早起跑步"一样，人们把从早上起来到出门跑步的一系列行动，想得很抽象和模糊。实际上，整个行动流程可以细分为"起床→洗脸、刷牙→更衣→出门→跑步"，有的人可能还会增加一些起床后的简单热身活动，或者洗完脸后涂抹防晒霜，或者喝饮料等。除非是那种很享受跑步的人，因为他们有着强烈的跑步欲望，所以可以不用像前面那样细分流程，否则就需要将整个流程细分为一个个简单的步骤，让最终的"跑步"任务变得容易执行。比如说，可以细分出一个步骤是睡觉前换上运动衣。穿着运动衣睡觉，起床后就可以直接去跑步了。虽然看似简单，但是减少了一个换衣服的步骤，可以出人意料地减轻很多心理负担。我有时候也会觉得换衣服麻烦，也会觉得"即使现在穿了运动衣，后面去上班时还得换衣服，干脆今天就不去健身房了"。如果提前穿好了去健身房的衣服，可能就不会产生那样的厌烦情绪了。

大多数人觉得，晨练最困难的是早起本身。克服早起困难最有效的办法是创造出"想早起"的情境。一旦有"早起=痛苦"的意识，那就很难做到早起了。当人们把早起当作任务，觉得"必须早起""绝对要早起"时，就会无意识地产生"早起=痛苦"的感觉。如果只是早起几次，可能还能强行逼自己起来，努力坚持进行三四次晨练。但是仅凭任务感来强迫自己早起，是难以形成早起习惯的。对于那些觉得"早起很痛苦"的人来说，关键是要改变这种意识，要将"早起很痛苦"变成"明天也想早起"。为此，需要创造出享受早起的情境。要做到这一点，其实并不需要大费周章，一点小确幸就能充分地激发出"想早起"的行动力。比如，我每天早上都会享用最喜欢的红茶。考虑到每天喝同样的红茶会厌倦，所以我外出只要遇到了看似不错的红茶，就会买来留着早上喝。喜欢咖啡的人可以准备精心挑选的

反惰性
50个方法让你具有超强行动力

咖啡,喜欢日本茶的人可以准备精心挑选的名茶。只要有一次早起让人感受到了清晨时光的充实感,人就会难以舍弃。以后,无论是工作日还是休息日,都会想早点起床。早起习惯养成后,人对早起的认知会发生改变。

> **要点 32** 为了养成早起晨练的习惯,应尽可能地将从起床到运动的整个过程细分为一个个简单的步骤。

33

前一天晚上不洗头

感觉"不愉快"可以驱使人采取行动

反惰性
50 个方法让你具有超强行动力

为了养成晨练的习惯,我采取的策略之一是故意在计划早起跑步的头一天晚上不洗头。这样一来,第二天早上醒来时,即使觉得"跑步还是太麻烦"了,也会觉得"不去的话,又要顶着脏头过一天,实在不舒服",于是就会打消厌烦情绪,产生"既然如此,就去跑个步,冲个舒服的澡,再去上班"的想法。总之,就是有意制造出只能通过运动才能规避的不愉快的心境,逼迫自己去运动。

一般来说,人们采取行动的理由,要么是为了追求快感,要么是为了逃避痛苦。当人是为了"追求快感"而想达成某个目标时,就更能产生行动力。举例而言,同样都是去健身房,人会更想去有自己崇拜的教练的健身房。因为只要去健身房,就能见到自己崇拜的教练,有了这份"快感",自然就会愿意去健身房了。

另一方面,为了"逃避痛苦",人也能产生很强的行动力。在心理学上,一直有人在研究"糖果与鞭子的影响力"。华盛顿大学曾围绕这个课题做过一个实验。该研究团队邀请了88名学生参与实验,并对他们进行了两个测试。一个是声音测试,学生需要判断自己听到的噪音是从哪只耳朵传到大脑的;另一个是光线测试,学生需要判断眼前的左右两个电视屏幕上,哪个屏幕上出现的闪光点更多。每次答题时,屏幕上都会显示出奖金的金额。在两个测试中,如果回答正确,可以获得对应金额的奖金,答错了就会被扣除对应的奖金金额。而且,无论是答对还是答错,都可以继续答题,只是每道题的奖金金额会逐题增多。研究者在旁边观察学生们在测试中会采取何种行动。实验结果是,答对题的学生会选择继续答题,答错题的学生会选择立刻终止。最引人注目的是,选择再次尝试答题的概率与选择终止答题的概率的变化情况。随着屏幕上显示的奖金金额不断变化,学生越来越倾向于选择再次答题;但是选择放弃的人的概率却不受扣除的奖金金额大小的影响,维持在一个稳定的水平。这个实验说明,如果想要通过"奖励(糖果)"来吸引人,就需要不断提高奖励的力度;如果想通过"惩罚(鞭子)"来督促人,只需将惩罚力

反惰性
50个方法让你具有超强行动力

度维持在"最低值"即可。据此,我们再次确认了"惩罚"可以很高效地促使人采取行动。由此可见,人所具有的"逃避痛苦"的行动力是非常强大的,完全可以被反向用来培养晨练的习惯。

> **要点 33** 有意制造不晨练就无法解决的"痛苦情境"。

34

**在健身房里边
看电视边跑步**

巧妙地给没耐性的"内心"尝甜头

我有时候会想好"今天看XX"后再去健身房，这里的"XX"包括自己喜欢的YouTube视频、电视综艺节目、新闻节目等。在健身房使用跑步机、动感单车进行锻炼时，虽然可以运动四肢，但是很多时候眼睛和耳朵却会空闲下来，因此可以利用这个时间，通过看视频或节目来获取信息。

信息可以驱使人采取行动，尤其是书籍有着不可小觑的影响力。当下，我经营公司，指导准备留学的学生或者已经参加工作的人，给大学生讲解英语，以及像现在这样写书。我之所以能走到现在，多亏我读过的一本书——《高效能人士的7个习惯》，作者是史蒂芬·柯维。我第一次看这本书是在读高中时。书中有一部分让我倍受震撼。该部分讲的是让读者想象自己死后参加自己葬礼的人会如何评价自己。我看后也认真思考了这一问题。

在思考的过程中，我意识到"我想成为企业家"。我父亲也是企业家，而我想成为超过我父亲的企业家。

于是我看了《道路无限宽广》（松下幸之助著）、《稻盛和夫的实学：经营与会计》（稻盛和夫著）等有关企业家的书，它们让我有了为"成为企业家"而努力前进的动力。

读了这些书之后，我有时候会觉得，"原来如此，这么做的话就可以顺利进行下去了""原来还有这种方法啊""我也想试试"。这种情绪波动在心理学上被称为"情绪转换"。情绪转换出现时是人的行动力达到顶峰的时候。书籍对人的行动的影响力在出现情绪转换时是最大的。换句话说，获取信息，知道多种选项的存在，增加"啊，这个好"的情绪转换瞬间，这对于提高人的行动力是非常有用的。

此外，人对所做之事总会有"厌烦"的时候，这在心理学上被称作"心理饱和"现象。心理学家库尔特·勒温和卡斯特曾对"厌烦"这一心理进行了如下说明：虽然人会因为某种紧张感而开始行动，但随着人逐渐习惯了，紧张感会渐渐消失。为了寻求新的紧张感，可以改变行动的方式，但人终将会适应新的方式。倘若没有其他应对措施，人就会停止行动。如果把这里提到的"紧张感"替换成"刺激"，那就是，即便是同样的行动，

反惰性
50 个方法让你具有超强行动力

如果缺少了刺激，人就会厌倦。反过来，人要坚持某件事，最好能经常巧妙地获取"紧张感"或"刺激"。

回到健身房的跑步机和动感单车的话题上来。在室内运动，不存在风景的变化，很容易让人感到单调枯燥或心生厌倦。为此，解决办法便是边运动边看YouTube或者电视，为单调的"跑步"增加收集信息的"刺激"。在平时，如果有同样长的时间，我一般会选择读书，所以很少会认真看YouTube或者电视节目。然而，接触这些信息源时常常会引发人的情绪转换，所以收集这些媒体的信息也很重要。不过，我觉得，如果瘫坐在沙发上长时间地连续观看YouTube或者电视节目会很浪费时间，所以我选择在跑步机上跑步时看。这样一来，我可以同时兼顾运动和信息收集，收集的信息还能触发情绪转换，促使我开始新的行动，起到"一箭三雕"的效果。对于那些平时没有时间看书的人来说，可以选择在跑步或骑车时，同步收听有声读物。

> **要点 34** 在健身房运动时，可同步收集信息，保持刺激。

35

下决心"吃一周垃圾食品"

把想改掉的习惯变为"义务"而非"禁忌"

反惰性
50个方法让你具有超强行动力

你是否有过想吃得健康清淡却做不到的经历？是不是总忍不住想去吃拉面、汉堡包、巧克力、冰淇淋等高脂肪、高糖分的食物？改掉坏的饮食习惯、养成健康饮食习惯的一个方法是反其道而行之，干脆"吃一周自己想戒掉的食物"。比如，这周必须每天吃拉面，或者这周每天中午饭都必须吃芝士汉堡包，创造条件让自己吃想戒掉的食物。有的人可能会觉得这个做法很矛盾，但这么做可以让人迅速达到前文提到的"心理饱和"状态。

改掉一个习惯的关键就是要让人对这个习惯感到"厌倦"。无论是何种美味，人的满足感会随着次数的增加而降低，这在经济学上被称为"边际效用递减法则"。"边际效用递减法则"原本指当消费者购买某一商品的总数量越来越多时，其满意度会随之降低。比如说，喝第一杯啤酒时觉得非常享受，但喝到第二杯、第三杯时，即便是同一个品牌的啤酒，也会觉得味道没有第一杯的好。又比如，附近有家咖啡店新开张，即使一开始觉得"这家的拿铁比之前喝过的所有拿铁都好喝"，但去过几次后，就会觉得这家咖啡店的拿铁也很稀松平常，第二杯以后的拿铁味道无法超越第一杯的味道。同理，当你有想戒掉的食物，比如高糖分、高脂肪的食物，就可以有意识地创造条件，强迫自己连续摄入，直到恶心厌烦为止。

如果说"坚持吃一周的不健康饮食"是为了"放弃不健康的饮食"，那么还有另一种"为了健康饮食"的方法。我采取的办法是，在出差、旅游时，购买许多有当地特色的沙拉酱或调味料，如广岛县的柠檬沙拉酱、德岛县的酸橘沙拉酱、九州地区的柚子胡椒等，放在冰箱里备用。如此一来，我的蔬菜食用量自然而然地就增加了。比如，我今天想试吃一下某种沙拉酱，就会做蔬菜沙拉吃。这样做的结果是，与其说我是为了养成健康的饮食习惯而努力，不如说我不知不觉中就开始健康饮食了。其实，不仅是沙拉酱，还可以试试在蔬菜沙拉的食材上下功夫。比如，在果实、坚果、奶酪等食材上下功夫，网购附近超市难以买到的地方特色蔬菜，诸如此类。总之，要想改掉高脂肪、高糖分的饮食习惯，不应只是思考"一定要吃健康食品"，而是要制造出"吃健康食品"的机会。

> **要点 35** 如果有"想戒掉"的食物，可以反其道而行之，故意吃到恶心为止。

36

如何戒掉深夜暴食

很遗憾意志力是靠不住的

加班到深夜，回到家忍不住吃了一碗泡面；或者周末一不小心熬夜了，吃了一包薯片。你有没有过上述的经历？这种晚上的暴饮暴食是很损害身体健康的。怎么做才能避免类似情况发生呢？

2017年卡尔顿大学的马林·米亚维斯卡亚教授和多伦多大学的迈克尔·英兹里特教授曾以159名学生为对象展开了有关疲劳的研究。他们的研究结果显示，最能引发学生疲劳的是"诱惑物"。当学生在写课程报告的时候，身边的诱惑物越多，学生越容易感到疲劳。比如，身边放着许多与报告无关的漫画、杂志，新信息的通知声不断，家人问"要不要吃个蛋糕，休息一下？"，等等。同时，该研究还发现，"目标达成率与接触诱惑物的次数成反比"。换句话说，如果想实现某个目标，那就要尽可能地减少接触诱惑物的机会。阻碍目标实现的诱惑物可能有许多，但一定要防止自己看到或者听到，尽量避免自己可以轻易地接触到它们。

基于他们的研究结论，我发现了一个避免深夜暴饮

反惰性
50个方法让你具有超强行动力

暴食的方法。这个方法其实很简单，就是不要在家里囤积食品。除了储备非常时期的应急食品，不要囤积多余的盒装方便面、甜食等。比如，为了避免酗酒，我不会整箱地买啤酒。虽然买整箱的啤酒，单价折合下来更便宜、更划算，如果选择送货上门的话，还省去了自己搬运的麻烦。但是整箱购买啤酒会导致饮酒量增加，综合考虑下来，其实并不划算。我以前整箱购买啤酒时，常常一不小心就喝多了。即使我想着"等会儿还有工作要做，今天就喝一瓶"，但喝完一瓶后，会觉得"今天做了很多事情，再喝一瓶也可以嘛"，于是又伸手去冰箱里拿新的。喝完两瓶后，又觉得"反正已经喝了两瓶了，再喝一瓶也没什么区别"。如此反复，逐渐失去控制。没有比人的意志力更不靠谱的东西了。仅靠"停下来吧"的想法是不可能停下来的。因此，要创造一个无法轻易接触到诱惑物的环境，比如不要在家里囤积食品。如果食物不能触手可及，就可以做到放弃。倘若一开始我就不在家里囤积啤酒，我也不用为"还想再喝一瓶，但是我要忍住"这种事情而烦恼了。

> **要点 36** 戒掉深夜暴食的诀窍就是，不要在家里放置可以诱惑自己的东西，不要囤购食品。

37

约朋友一起晨跑锻炼

"他人"的存在能戏剧性地激发潜能

反惰性
50个方法让你具有超强行动力

明知道每周跑几次步，对身体好，但就是做不到；明知道打扫房间会住得舒服一些，可就是不想打扫。生活中经常出现这种"脑子里明白一定要做，最好去做，但真要做时，身体却不想做"的情况。之所以会出现这种情况，大多是因为没有准备好相应的条件。很多人打算做某件事时，往往依靠的是自己的意志力。想着无论如何也要努力，要给自己加油鼓劲。然而从某种意义上来说，人的惰性是非常顽固的。当一个人虽然头脑里想着"必须做某事""一定要做某事"，但也在想着"其实并不想做这件事"时，意志力就会失去效力，因此也就不会采取行动了。如果是在节假日，身体就更加不想动了。遇到这种情况，想办法处理情绪问题是没有用的，只能创造让自己不得不动起来的条件。

此时，最有效的办法就是利用他人的存在。比如说，有人要来家里做客时，就会想到"必须打扫一下这个邋遢的房间"，不然羞于见人。于是就会努力在客人来之前打扫好房间。因此,在你总是不想打扫房间时,不妨邀请别人来家里做客。这与明知有益身体健康但总是不想运动是一样的道理。人的行动力非常不稳定且不可靠,即使暂时强烈地觉得"我要运动",也会因为当时的心境、情绪、身体状况等发生很大变化。如果没有发自心底的"我想运动"的坚定想法,一个人是很难将某项运动坚持下去的。此时,就需要借助他人的力量来督促自己坚持下去了。比如,与朋友或者其他人约定一起运动的时间和地点。这样一来,到了约定的当天,即使自己不怎么想运动,但是"必须信守与朋友的约定"的想法也会促使人前往约定的地点汇合。与朋友约定一起跑步,就是创造条件不让自己产生"不想跑步""怎么都提不起兴趣"等思绪。

挑选约定对象

需要提醒大家注意的是,借助他人力量督促自己时,选择什么样的对象也很重要。如果邀请来家里做客的人与自己关系很亲密,那么你会觉得即使他看到你邋遢的房间也无所谓,那这个邀请就毫无意义。选择一起跑步的伙伴时,最好选择那些"喜欢跑步、想要跑步"的人,否则，对方很可能会轻易地破坏掉你们的约定。另外，一起运动的时候，选择那些跟自己体力差不多的人也很重要。此前，有一个职业运动员朋友邀请我一起去跑步，我答应了。但在一起跑步时我发现，我和他在体力上有很大的差距。他跑得特别快，我跟着他跑感觉特别累。跑着跑着我就开始觉得，"他跑那么快是理所当然的，人家可是职业运动员"，但我不是运动员，没有必要强撑着跟他跑，于是我就放弃了跑步，最后走完了全程。像这样选择跟自己差距很大的伙伴一起跑步，反倒会给自己增加放弃的借口。"我做不到"的想法会越发强烈。理想的伙伴应该是，虽然比自己厉害，但自己努力一下还是可以跟得上的人。

还有一种方法是利用手机App，实现"与他人一起跑步"。在跑步App里，可以向特定人群公开自己跑步的日期、时间、地点、距离、耗时等跑步数据。同时，还可以看到特定人群的跑步数据。因为可以互相看到对方的数据，所以如果和朋友一起使用该功能，即使不约定一起跑步，也可以达到一起跑步的效果。当你知道朋友连着几天都去跑步了，自己也会萌发要努力的想法。要是偷懒不去跑步，会被朋友看到，那就太尴尬了，还是去跑步好了。

前文提到的"去健身房的话，选择有自己崇拜的私人教练的健身房"，也是一种借用他人力量的方法。假设你对自己崇拜的私人教练说"我要用X个月瘦X公斤"，那么之后去健身房时，无论你崇拜的教练是否真的在意你说过的话，你都会下意识地觉得，"他在看我，看我是否认真运动了"。为了向自己崇拜的人证明自己是一个言出必行的人，你不得不认真地运动。

> **要点 37**　之所以想做却总是做不到，是因为没有创造出好的环境。可以借用他人的力量创造出不得不做的环境。

38

敢于主持结婚典礼

"别人的凝视"是最有效的鞭策

38
敢于主持结婚典礼

当你想增强自己的减肥行动力时,有一个办法,就是去找一个身边最近打算结婚的朋友,问对方:"可以让我担任你们婚礼典礼的主持吗?"这样做的目的是,有意制造让自己"暴露在众人眼前"的情境。这种办法所蕴含的心理学原理在前文也提到过,当一个人受到他人关注时,内心会希望不要辜负他人的期待,努力取得最好的结果,这种心理被称为"霍桑效应"。

在结婚典礼现场,主持人自然会受到婚礼参与者的目光注视。此时受到哪些人的注视也很重要,最好是能受到那些会给自己带来一定紧张感的人的注视。如果这种注视全来自于家人或者老朋友等无需客套的人,那么这种注视是不会产生"霍桑效应"的。一般来说,在参加婚礼的人中会有公司的前辈、上司、同事,或者学生时代的学长学姐等,甚至还可能有许多从没见过的人,这些人都是"注视我的人"的最佳人群。另外,婚礼的日期一般都是提前几个月就定好了的,很方便制订减肥计划。因为一旦日期是确定的，就会产生"截止效应"，从而督促自己按时完成减肥任务。

我在减肥时，为了制造"让自己暴露在众人眼前"的机会，会有意增加演讲、采访的工作。如果是商务人士，要想制造出被他人注视的情境，可以积极地接受那些汇报展示的工作，或者能增加自己与他人见面机会的工作。如果是乐器演奏者或跳舞者，可以选择在舞台上进行表演，也会产生"霍桑效应"。这样做不仅能促使人减肥，还能有助于演奏技巧或者舞蹈水平的提高。

我下决心减肥时，曾事先在公司向大家发誓，"我要在Ｘ月前瘦Ｘ公斤。如果没有达到目标，我就剃寸头"。从某种意义上来说，这就是在给自己制造"被注视"的环境。营造这个"被注视"的环境的关键是要明确具体的减肥截止日期和目标体重，即"在Ｘ月前减掉Ｘ公斤"。另外，监督自己减肥的对象也很重要。公司的职员平时都在我的指示下工作，是一起完成工作任务的伙伴。在这些人面前，我当然不能轻易言败。平时上班，天天都会见到公司的职员，这就让我有一种被监视的感觉，这种紧张感会促使我要努力减肥。其实不仅是减肥，当人有了某个目标时，确认目标实现的意义是很重要的，一定要弄清楚自己为什么要实现这个目标。

我在前面曾简略地提到过,促使我决定减肥的动机是,看到自己被刊登在商务杂志上的照片很丑。当时我正在努力开拓业务,本想通过接受采访提高自己的知名度,但是我当时的身材外表让我没有自信。一般来说,没有自信的人大概也不会获得他人的信任。因此,为了以后在接受采访时不尴尬,我一定要锻炼出不会给自己丢脸的身材,于是我决定去减肥。因为我减肥的目标十分明确,所以在实现"在X月前减掉X公斤"的目标后,还能维持体重不变。如果当时我仅仅将减轻体重作为目标,那么在达到目标体重后,就会觉得减肥任务"完成了",整个人可能就会从此松懈下来。但是,如果能明确自己树立的目标的意义,就能像我维持体重不变一样,长期坚持下去。

> **要点 38** 如果想要减肥成功,就要敢于制造"暴露在众人眼前"的情境。

第四部分
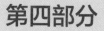

彻底消除累积的疲劳——
超强放松

39

休息日沉浸在格雷伯爵茶的
温暖里

人的"内心"最喜欢温暖的饮品

39
休息日沉浸在格雷伯爵茶的温暖里

在"想悠闲地度过今天"的假日清晨,推荐大家喝一杯温暖的格雷伯爵茶。虽然这看起来是非常简单且极为普通的事情,但其背后包含了多个心理学原理。美国耶鲁大学的社会心理学家约翰·巴治和科罗拉多大学的洛雷斯·威廉姆斯教授曾就身体温度与心理温度的关联性合作做过一个实验。巴治和威廉姆斯没有告知实验对象,这个实验其实从被试进入实验现场时就已经开始了。在被试进入实验现场时,会有人问他们:"不好意思,能请你帮我端一下这杯咖啡吗?"有一半的被试拿到的是热咖啡,另一半被试拿到的是冰咖啡。然后,被试进入实验现场,接到指令,阅读一篇关于一个虚构人物的说明性文字,并回答关于该虚构人物的问题。实验结果显示,拿到热咖啡的人比拿到冰咖啡的人,倾向于更加积极地接纳他人和信任他人。这表明,饮料的热度会传导给人体,对人的内心造成一定影响。在另一个实验中,研究者们也发现,在饮用了热饮后,人对各种事情的态度会更为积极,对他人更为友好,对人或事物更加宽容。这说明,热饮会对人的内心产生积极的影响。

格雷伯爵茶是带有佛手柑香味的红茶,这种香味会对人的心理产生积极的影响。据说柑橘类香味中所含有的名为苧烯的香味成分会激活人的交感神经，能唤醒刚起床时迷糊的大脑。同时，柑橘类香味还具有舒缓心情的效果，可以让人头脑清醒，心情舒畅。

我一般早上喝格雷伯爵茶，而且是直接用茶叶冲泡。虽然茶包的味道也很好，但是我更喜欢把茶叶浸泡在茶壶里的那种感觉。虽然只有短短的几分钟，但是一大早就能感受到多费了一点功夫所带来的成就感和满足感，这会让我的心情格外好。无论是茶壶泡茶，还是用茶包冲泡，我希望读者一定要用讲究的茶杯。我在前文中也提到过，物品具有激发人的行动力的作用，有时还能给人带来安心感。因此，喝茶时请根据当天的心情选择茶杯，让自己获得一个充满成就感和满足感的早晨。

> **要点 39** 品尝热饮会让人变得积极，对他人也会更加宽容了。

40

认真洗手

洗手具有远超杀菌的奇特效果

假日里，我经常去京都的鸭川、奈良的吉野川、伊势神宫附近的五十铃川等地方，沿着河边散步或慢跑。原因之一是，河水具有很好的舒缓心情的效果。比如，人漂浮在大海上或者泳池中时，大脑会分泌被称为幸福荷尔蒙的五羟色胺。像泡澡、泡温泉这样将身体浸泡在热水中，流水还可以让人的副交感神经变得活跃，让人得到放松。河流中的流水声、波浪声虽然不规则，但却能让人感到舒心，有治愈心灵的效果。所以，在节假日里，最适合去大海、河流、湖泊以及温泉这种有"水"的地方，全身心地感受水所具有的舒缓治愈功能，缓解身体与心灵的疲劳。

　　不过，有时候可能你没有精力也没有心情外出游玩。在此，向大家推荐一个可以调节心情的简易办法，那就是仔细洗手。因为新冠肺炎疫情，我们在日常生活中变得更加注重"洗手"了。实际上，洗手不仅可以洗掉手上的病毒、细菌等脏东西，还可以调节心情。

　　社会心理学家约翰·巴治曾做过一个实验。他将被试分成两组，先让两组人回忆自己曾经做过的违背道德的事情，然后，只让一组被试用有除菌效果的湿纸巾擦手。实验结果发现，用湿纸巾擦了手的那组被试对自己过去的行为所产生的罪恶感和悔恨感要轻微一些。在其他一些心理学者的研究实验中，也证实了洗手可以抹去与记忆相关的某些负面情绪。

德国奥斯纳布吕肯大学的凯耶·卡斯帕让被试解答一些"实际上无法解答的题目"。由于本来就是无解的题目，所以所有被试都做不出来。然后，卡斯帕让其中一半的被试洗手。接着请所有的被试又做了一次题。实验结果发现，洗手组和没洗手的对照组在第二次做题时，洗手组做题时的心态更乐观了，而且，洗手组的成绩比没洗手组的成绩也更好。由此，我们知道了，认真洗手会对人的情绪产生影响。把洗手本身当成一种目的，而不仅仅是为了洗掉病毒、细菌和污垢而洗手。仔细认真地洗手，假日的心情或许会发生积极的变化。

> **要点40** 认真洗手，洗掉心灵的"污垢"，会让人变得乐观。

41

在阳光的沐浴下做运动

即便有难度,也是有效果的

41
在阳光的沐浴下做运动

虽然大家都说适当的运动有益健康,但到底多大的运动量才算合适呢?世界卫生组织推荐成年人"每周进行150分钟以上的中等强度运动"或"每周进行75分钟以上的高强度运动"。所谓中等强度运动,指快走、肌肉训练等会稍微加快呼吸频率但不影响说话的运动。所谓高强度运动,指慢跑、游泳等可以加快呼吸频率到无法说话程度的运动。另外,世界卫生组织推荐中等强度运动每周分5次进行,每次30分钟;高强度运动每周分3次进行,每次25分钟。如果能做到世卫组织推荐的运动量,对身体当然好,但实际上因为种种原因,很少有人能做到。

不过,养成节假日运动的习惯是很值得的。如果你平时很难挤出时间做运动,那么在节假日的白天,请务必去运动。我认为,没有必要做那些会加速呼吸频率的高强度运动,快走、网球、足球等轻松愉快的运动就可以了。也不用过于在意运动时间的长短，稍微出一点汗，自己觉得"今天已经好好运动了"就可以了。当然，最好是在白天做运动，这样可以沐浴着阳光做运动。据说，日光的照射和适度的运动可以促进大脑分泌名为五羟色胺的神经递质。

五羟色胺是一种神经递质，别名叫"幸福荷尔蒙"，可以调节情绪，给人带来安定感和安心感。缺少五羟色胺的话，人会感到不安，睡眠质量下降。褪黑素可以促进睡眠，而褪黑素的源头是五羟色胺。五羟色胺分泌减少的话，褪黑素也会随之减少。也就是说，在假日的白天运动，不仅可以保证足够的运动量，还可以促进睡眠质量的提高。

生活中有很多影响睡眠的东西，比如不断接到信息提醒、新闻提醒、照片墙通知、推特通知等的手机，播放到午夜的电视节目和深夜饮食的习惯等。通过做运动，可以提高睡眠质量，也能达到充分恢复精力的效果。相较于在家里懒散地度过假日，进行适当的运动会更加有利于身心健康。

坚信"我在运动"很重要

有的人可能会觉得："每周只在周末运动一次，运

41
在阳光的沐浴下做运动

动量会不会不够啊？"如果能在平时做运动，这样当然更好。可是由于平时大家忙于工作，实际上很难有时间做运动。所以，重要的是，即使每周只运动一次，也要坚信"我每周充分地运动过一次"。虽然有人可能怀疑"仅靠坚信有意义吗"，但是这种"坚信"其实有着出人意料的效果。

德国科隆大学的心理学者莱伊桑·达弥施曾做过一个实验。达弥施将被试分为两组，让所有被试都打迷你高尔夫球，所有人打的球都是一模一样的，但是在把球递给打球者时，对两组被试说的话不一样。对A组说的是，"这是经常进洞的幸运球"；对B组说的是，"这是大家都在用的普通球"。实验结果显示，A组被试平均打进球洞6.42次，B组被试平均打进球洞4.75次。A组的进洞率比B组高了35％。明明是一样的球，A组被试因为被告知是幸运球，所以对幸运的坚信促使他们打出了更好的成绩。达弥施另外还做了几个实验，也都证实了在任何情况下，积极的坚信可以产生好的结果。

在心理学上，还有一种叫"安慰剂效应"的心理。医生给患者开的实际上是并没有药效的假药，但医生却告诉患者，"这个药很有效，请按时服用"，患者相信了医生的话,最后病也的确治好了。对"这个药有效"的坚信真的会给身体带来变化。

2017年斯坦福大学的一项研究发现,"坚信"可以延长人的寿命。奥克塔维亚·扎德博士和阿利亚·克拉姆助教对6万多名成年人进行了调查,调查他们的实际运动量和对自己运动量的看法。研究者问被调查者:"与同龄人相比,你觉得自己属于运动型的人吗?"并长期跟踪观察该被调查者的生活状态。研究发现,回答"与同龄人相比,自己不是运动型"的人,比认为自己属于运动型的人的早逝概率要高71%。尤其引人注意的是,"认为自己是运动型"的人,他们实际的运动量并非真的比那些非运动型的人多。即便是相同程度的运动量,认为"自己比别人更加喜欢运动"的人,其寿命更长。

> **要点41** 沐浴着阳光做运动,可以增加五羟色胺的分泌,这将改善睡眠质量。

42

舒展肩胛骨

提高行动力的最有效运动

上午在家里，做 20 分钟左右的拉伸运动或者肌肉训练，短时间的少量运动可以促进身心愉悦。在做拉伸运动时，平时案头工作多的人尤其要注意好好放松肩胛骨。

如果伏案工作多，我的背部、肩部就会很僵硬，所以我经常去按摩店做按摩。每次按摩师都会说"你的肩胛骨周围很僵硬啊"。在按摩师帮我按摩舒缓肩胛骨后，背部和肩部会变得十分轻盈，这时我心中就会产生"继续努力工作"的想法。因次，我在家锻炼时一般会重点活动肩胛骨部位。其实我的全身有很多部位都需要拉伸舒展，但即使不能保证每个部位都得到拉伸，只要好好地舒展肩胛骨，爽快感就会从肩部、背部传到手臂，随后整个人都会觉得浑身爽快，从而迸发出工作的行动力来。

在家里进行肌肉训练时，推荐做深蹲和俯卧撑运动。腰部有赘肉的人喜欢从锻炼腹肌开始，但实际上那样容易导致肌肉训练受挫。因为锻炼腹肌需要经过较长时间的训练才能看到效果，如果努力锻炼了，却总是感觉不到效果，人就会觉得"练了好像也没用",最后就会放弃锻炼。相比之下,腿部和胳膊是人体较容易增加肌肉的部位。锻炼腿部肌肉的深蹲和锻炼胳膊肌肉的俯卧撑,能够比较快地显现出锻炼的效果。能很快看到锻炼的结果可以为继续保持锻炼提供强大的行动力。

加拿大心理学家阿尔伯特·班杜拉发现,人在接受了某个任务后,一般会预测"想要完成这个任务,可以这样做",并萌发"我肯定能完成这个任务"的期待。班杜拉将人的这种状态称为"自我效能感"。自我效能感在人准备采取行动完成任务时、在坚持行动时和在行动过程中遇到困难时,都有着重要作用。也就是说,自我效能感可以促使人的行动形成良性循环,即"我可以"的情绪高涨→积极采取行动以实现目标→继续行动→"我可以"的情绪进一步高涨。

提高自我效能感有四个要点:第一是成功的体验;第二是代理体验(看到或听到其他人成功的体验);第三是语言说服(来自他人的鼓励);第四是生理状态。以独自在家进行肌肉训练为例,为了提高"自己要在肌肉训练中取得效果"的自我效能感,关键是如何拥有成功的体验,而且最好是尽可能快地拥有成功的体验。这样一来,你是不是觉得肌肉训练最好是从容易看到效果的腿部和手臂的训练开始?通过深蹲锻炼,紧致腿部肌肉,穿裤子时就能感觉到变化。手臂的肌肉量增加也是肉眼就能看出来的。"锻炼显现出效果了"的切身感受会成为继续运动的行动力,促使你取得新的成果。

> **要点 42** 做拉伸运动,不妨以肩胛骨部位为中心进行。

43

在未知的世界里遭遇未知

全新的刺激可以促使行动力爆发

一般而言，人是会感到"厌倦"的生物。前文中曾提到过，厌倦在心理学上被称为"心理饱和"。一旦出现"心理饱和"，人的行动力就会下降。"心理饱和"会出现在工作、运动、学习等一切领域，人甚至对日常生活本身也会产生"心理饱和"。每天都是往返于公司和家之间，两点一线的生活缺乏弹性，会让人莫名地丧失行动力。为了消除这种"心理饱和"现象，人需要新的刺激。

不妨在休息日进行一些能够获得新的刺激的行动。比如，挑战从未体验过的新游戏、新运动，探访从未去过的新地方等。如果条件允许的话，推荐去能够感受到大自然的地方，如大山、大海、河流等，这些地方能很好地消解压力。

有很多人因为工作而感到压力。人体一旦感受到了压力，就会大量分泌皮质醇。皮质醇是由副肾皮质分泌的压力型荷尔蒙。皮质醇分泌量增加，会导致人体免疫力降低，出现血糖值上升等现象。所以，皮质醇分泌过多对人的身体健康会有影响。有研究证明，大自然环境有助于减少皮质醇的分泌。密歇根大学的玛丽·卡罗尔·亨特博士的研究发现，"在自然环境中度过20~30分钟，可以有效减少皮质醇的分泌"。

色彩心理学也一直在研究色彩对人的心理的影响。研究人员发现，绿色可以治愈心灵，蓝色可以让人内心平静。美国加利福尼亚大学的罗伯特·杰拉德教授研究了颜色对人体的影响。他通过向被试照射红光、蓝光和白光，检测被试的身体会发生何种变化。杰拉德发现，照射红光时，被试的血压会上升，呼吸频率、心跳次数、脉搏次数以及眨眼次数都会增加；照射蓝光时，被试的血压会下降，呼吸频率、心跳次数、脉搏次数以及眨眼次数都会降低。杰拉德认为，出现上述变化的原因是，肌肉紧张程度的变化所致。蓝色可以舒缓肌肉，因此人的呼吸会放缓，心脏跳动也相对平和一些。

人类有很多感受天空、大海等大自然的"蓝色"的机会。因此，在大自然中活动有助于减轻身心压力。当你没有时间去远方时，哪怕就是去附近的公园或动物园走走也可以。另外，如果从寻找"新刺激"这一点考虑，推荐去从未去过的餐厅品尝新口味。届时，请务必尝试"完全无法想象"的外国料理，比如葡萄牙料理、新加坡料理、智利料理等，肯定会让你感受到愉快的新刺激。

> **要点 43** 日常生活中的新刺激可以激发行动力。去大自然里放松，还能"一箭双雕"——缓解压力和增强行动力。

44

每月带朋友去一次寿司店

为他人花钱可以提升自己的幸福感

你最近有为谁花过钱吗？比如请晚辈喝酒、送朋友礼物等。虽然给自己买新衣服、新鞋子、新包包、新手表时，人的心情也会变好，不过，有研究证明，为他人花钱，幸福感会更强烈。人感到幸福时的行动力比感到不幸时的行动力更强。也就是说，在假日花钱方式上稍微下点功夫，可以提高自己做事的行动力。

哈佛大学商学院的迈克尔·诺顿教授和加拿大不列颠哥伦比亚大学的心理学家伊丽莎白·顿恩博士曾联手就金钱的使用方式与幸福感的关系做过一个实验。诺顿和顿恩将参与实验的学生们分成两组，让一组成员照旧继续为自己花钱，让另一组成员为他人花钱，然后测试两组成员的幸福感。结果发现，为自己花钱的小组成员的幸福感没有下降，维持在一定的水平；而为他人花钱的小组成员的幸福感却有所上升。研究还发现，在全世界大多数国家，参与慈善活动或进行捐助的人的幸福感比不参加慈善活动或不捐助的人要高。这表明，利他的金钱使用方式可以提高人们的幸福感。另外，顿恩博士还发现，"人花钱买体验时获得的幸福感比花钱买东西时获得的幸福感要高"。较之花钱买衣服、买手表等东西，花钱去旅游、听音乐会、看电影等，更能够让人有幸福的感觉。

44

每月带朋友去一次寿司店

所以，我建议大家可以每个月请朋友吃一次饭。不过，在邀请朋友时，要注意避免采取"请你吃饭"的态度，那会让对方避而远之。人都有回报的心理，如果从别人那里获得了东西，就会产生必须要回赠东西的想法，但是有时候这种礼尚往来的想法反过来又会给送礼的对方造成一定的心理负担。从这点来说，与其抱着单方面"请吃饭""送东西"的心态，不如为能够让大家一起享受的事情花钱。比如，遇到想去但一个人又不方便去的餐厅、演唱会或者美术展等，就可以邀请朋友一起去。如果是一起吃饭的话，可以去自己真心觉得"能够吃到的话就太好了"的地方。邀约最重要的是，自己能够切身体会到对方因为你的邀约感到了满足，最好能达到对方会对你说"你的邀请让我感到很开心，谢谢你！"的状态。但需要注意的是，无论如何也不要强行邀请朋友赴约。如果是强行邀请，对方并不觉得开心，那样无论花了多少钱，都毫无意义。

> **要点 44**　为他人花钱可以提升人的幸福感。花钱买体验比花钱买东西更能提升人的幸福感。

45

经常与朋友聚会交谈

交流可以激发你的行动力

45
经常与朋友聚会交谈

新的刺激可以激发人的行动力。有时候企业进行人事变动的意图之一，就是要给员工新的刺激，激发出他们新的行动力，防止员工因过于熟悉工作环境而丧失工作行动力。人们都想要购买网络或电视上讨论热度很高的商品，也可以说这是因为新的刺激激发了人的购买欲望。想要提高日常生活中的行动力，关键是要不断获取新的刺激。不过，泛滥的刺激也可能会成为"毒药"，所以必须严格选择新刺激的种类。

我觉得与老朋友见面交谈就是一种良性刺激。与很久没有联系的老朋友见面交谈，互相交流近况，经常会听到一些出人意料的趣闻。你会发现对方的世界与自己的世界完全不一样，即使跟自己的世界非常接近，也许还会收获许多意想不到的惊喜。

前几天，我见到了自小学时代起就认识的朋友，从他那里感受到了上述的良性刺激。虽然我跟他有二十多年没见过面了，但一直通过社交网络保持联系，最后我们约定见面吃饭。在吃饭时的交谈中，他告诉我，他大学毕业后成为一家公司的正式员工，上了十多年班后，现在想辞职自己创业，希望我给他一点建议。我一边想着自己应该给他什么建议，一边回想起自己当初创业时的情形。比如，当时我在想什么、有着什么样的愿景、怀揣着什么样的理想、采取了什么行动、对什么感到了不安，等等。朋友的咨询给了我客观地回顾自身过去经历的机会，让我认识了过去的自己，也看到了自己现在的变化。我发现，相较于过去，我已在不知不觉中发生了很大的积极的变化，有了一定的成长。我还看到了新的可能性和希望，觉得自己仿佛被激发出了某种巨大的行动力。

　　能够有这样的体验，得益于我的朋友在交谈中向我提出的各种问题。比如，创业时最重视的是什么，创业时有没有感到不安，等等。大量的问题给了我思考的机会。而且在跟他的交谈中，我的思绪也得到了整理，会说出一些连我自己都觉得惊讶的话，有时候会让我明白"原来我是这么想的啊"。我想，对于准备创业的他来说，或许也有同样的感受吧。

　　我在前文中曾经提到过，提高自我效能感可以激发人的行动力。提高自我效能感的方法之一，就是耳闻目睹其他人成功的经验，即"代理体验"。如果很久没见的朋友实现了自己的梦想，而你恰巧也有着同样的梦想，那么你们的见面就能让你产生这种"代理体验"。

> **要点 45** 即使只是与久违的朋友交流近况，也能激发人的行动力。

46

支持热爱的足球队

观摩运动也有运动的效果

46
支持热爱的足球队

你是否有过将工作时的烦闷感延续到休息日,并影响到休息日心情的情况?遇到这种情况,建议你去观看体育比赛。如果有自己支持的本地队伍,去看他们的比赛,效果会更好。最好是去支持同一支队伍的粉丝聚集的体育场,或者是可以观看现场直播的餐厅等地方。

转换心情最有效的方法是调动身体。只要身体活动起来了,就能缓解压力,改善心情。观看体育比赛,有时候也能产生与活动身体相同的效果。男性荷尔蒙中有一种叫睾丸素的荷尔蒙。当人克服困难并赢得胜利时,人体会分泌大量的睾丸素。一项调查玻利维亚原住民的睾丸素的研究显示,狩猎成功、捕获了猎物的男性的睾丸素数值远高于狩猎失败、猎物逃走了的男性。美国雪城大学的艾伦·马泽尔教授通过研究也发现,在网球、柔道比赛中获胜的运动员,他们赛后的睾丸素数值会大幅上升。运动员参加比赛时,睾丸素的分泌量就会增加,取胜时分泌量会进一步增加,这就会激发运动员产生"好嘞,下次也要赢"的动力。这种良性循环被称为"胜利者效应"。

有研究证明,"胜利者效应"同样也会发生在观赛者身上。美国犹他大学的保罗·贝恩哈德教授的研究团队曾采集过1994年足球世界杯比赛时在美国境内某餐厅观看现场直播的球迷的唾液,测试唾液中的睾丸素数值。当年进入世界杯决赛的参赛队伍是巴西队和意大利队,决赛结果是巴西队赢得了比赛。检测结果发现,巴西队球迷的睾丸素分泌量一直保持着高水平状态,意大利队球迷的睾丸素分泌量在赛后有所降低。可以看出,两队球迷仅仅是观看了比赛,他们的睾丸素分泌量也出现了变化。

人体的镜像神经元也有着类似的效应。镜像神经元是一种神经细胞(神经元)。无论是自己做出动作,还是看到别人做出同样的动作,镜像神经元都会被激活。比如,自己想吃香蕉去拿香蕉时与自己看到别人去拿香蕉时,体内的镜像神经元会经历相同的活动过程。也就是说,看别人拿香蕉就像是自己拿了香蕉一样。据说,镜像神经元掌管着人的"共情"能力,会让人对他人的事情感同身受。

46
支持热爱的足球队

以足球世界杯为例，大多数日本人会支持日本队，即使是平时对足球没有什么兴趣的人，也会为日本队摇旗呐喊、加油鼓劲。奥运会时，虽然有很多国家和地区的运动员参加比赛，日本人主要还是支持日本的运动员，这是由"我是日本这个国家的一员"的归属感所造成的。自己从属于某个集体的意识被称为归属感。人有了归属感，就想为自己从属的团体做出贡献，其行动力就会增强。在现场观看体育比赛时，如果产生了自己与其他人同属一个团体的"集体意识感"，那么脑内的镜像神经元就会活跃起来，就愈发想支持自己原本就支持的运动员。

加利福尼亚大学洛杉矶分校的马科·亚科博尼教授在研究镜像神经元的基础上，指出"观看运动员比赛会产生宛如自己在比赛一样的效果"。在看到运动员接到球时被激活的神经元和自己接到球时被激活的神经元是一致的。因此，仅仅是观看运动员比赛，也会产生自己在比赛的感觉。镜像神经元反应会在观看自己支持的运动员比赛时更加强烈。

我经常在休息日去看体育比赛，并且基本只看足球比赛。看着自己支持的球队在球场上拼命奔跑的身影，我常常会产生自己也要积极努力工作的想法。虽然这是

反惰性
50个方法让你具有超强行动力

老生常谈，但人们可以从奋勇拼搏的运动员身上获取力量。

去听自己喜欢的歌手的演唱会、参加当地的节日活动，也能产生与观看体育赛事一样的效果。演唱会和节日活动都是人们为了同一个想法而聚集在一起的活动。人身处其中，可以感受到人与人的联系、社会人际之间的联系，会让人感受到自己存在的意义，让人感到安心。所以，在心情低落、闷闷不乐的休息日，可以邀请别人一起外出参与活动，这样能更快地修复心情，恢复行动力。

> **要点 46** 去看自己支持的队伍的比赛，仅仅是看运动员比赛，也会产生宛如自己在比赛一样的感觉。

47

在星期一安排一点愉快的行程

改变"蓝色星期一"的奇特方法

反惰性
50个方法让你具有超强行动力

一到愉快的周末即将结束的星期日晚上，想到星期一要上班，人的心情就会低落，变得郁闷。这种状态在日本被称为"海螺小姐㊀综合征"，在其他国家被称为"蓝色星期一症状"。虽然郁闷的程度有差异，但是估计很多人在星期日晚上都会陷入这种情绪之中。那么，怎么做才能尽可能地抑制这种郁闷情绪呢？方法之一就是给星期一安排"有点期待的行程"。比如，安排下班后去看电影（星期日晚上就买好票），或者为了消除周末和一周伊始的双重疲劳感去做按摩，或者去学习自己喜欢的技艺，等等。

我的一个朋友说他每星期一晚上上网络英语会话课。有些人听了几次线上课程后，就会感到厌倦。为了克服厌倦情绪，我的朋友想到的办法是，挑选上课老师的国籍。网络英语会话课的授课老师们来自不同国家，他们可能

㊀ 日本的一个著名动漫《海螺小姐》的主人公，该系列动画片从1969年开始每周日晚上6:30播放。

是以英语为母语的美国人、英国人、加拿大人、澳大利亚人、新西兰人，此外还有母语不是英语的菲律宾人、塞尔维亚人、波黑人、克罗地亚人、匈牙利人、希腊人、中国人、意大利人、墨西哥人等。虽然有许多老师的母语不是英语，但他们的英语能力大多还是有保证的。据我那个选择不同国籍老师学习英语会话的朋友介绍，在英语会话课上，他不仅可以学习英语会话，还能跟不同文化背景的老师进行交流，觉得非常开心。如果那个老师来自他自己从未去过的国家或还不大了解的国家，便可以激发起他的好奇心。

有时候，我的朋友选择的英语老师不在日本，而是在自己国家通过网络授课。虽然是通过网络，却会让我的朋友觉得自己与遥远的异国他乡的人建立了联系，仿佛身临其境一般。而且，母语非英语的老师更了解母语非英语学生"学习英语的难处"，所以很多时候更能体谅学生学习英语时的心情。母语为英语的老师很多都是把英语会话课当工作来做，而母语非英语的老师很多还会很享受用英语与人交流的感觉。

为了克服星期一的郁闷情绪，还可以选择在星期日晚上与"优质竞争对手"朋友共进晚餐。据说，出现"蓝

反惰性
50个方法让你具有超强行动力

色星期一症状"的原因之一是，星期日和星期一的生活方式差异过大。如果星期日过得太闲散，那么这种闲散就会与星期一的紧张工作形成强烈的反差。这种反差会对人的身心造成很大的刺激。因此，不妨特意给星期日的自己安排一些活动。比如，与那些努力工作学习的朋友或者对自己而言是"优质竞争对手"的朋友一起吃个饭，可以从他们身上不断获得激励。当你了解到朋友在努力时，自己也会受到触动，产生"我也要努力""我也不能输给朋友"等想法，这样就能以积极的心态迎接星期一的到来。很多人会约朋友在星期五晚上喝酒或吃饭，即使当时情绪高涨，但是这种高涨的情绪会因为第二天的休息而消失殆尽。如果约朋友见面的日子与星期一之间夹了一个悠闲的周末，那么好不容易激发出来的"我也要努力"的行动力就会衰减。因此，将与朋友的见面或聚会安排在星期日晚上很重要。

> **要点 47**　为了摆脱"海螺小姐综合征"，可以在星期一安排一点愉快的行程，或者在星期日晚上，与"优质竞争对手"朋友一起吃个饭。

48

通过阅读,
体验富足人生

书籍对人的行动力的影响超级大

可以毫不夸张地说，我的人生因读书而发生了改变。我真正开始阅读书籍是在读高中时。我在本书序言里也提到了，我高中时在学校制造了影响恶劣的大事件，被责令休学两周。当时还没有智能手机，不去学校的话，就基本上等于与朋友失去了联络。被禁止上学的我觉得自己似乎与外部世界失去了联系。当时，我想到："如果不尝试改变的话，这么下去我会完蛋的。"

如何改变呢？我首先想到了读书。因为被允许可以和父母一起外出，所以我让爸妈带我去了书店。正如前文中所提到的，我那时买的书有《高效能人士的7个习惯》《道路无限宽广》和《稻盛和夫的实学：经营与会计》等。在大量阅读关于企业家的书籍的过程中，我明白了，即使是世界知名的企业家，也并非从一开始就是一帆风顺的，在他们经营企业的过程中，同样遇到过困难，克服过困难。于是，我觉得我也能改变自己。如果改变自己的价值观和思维方式，并身体力行，我是不是也能"开

48
通过阅读，体验富足人生

辟道路"？总之，书籍给了我许多人生选项的启发。书本告诉我，既有这样的生活方式，也有那样的生活方式。顺便说一句，在剑桥大学留学时，我将《道路无限宽广》放在书包里随身携带，一有时间就反复品读。

至今，书籍依旧在告诉人们各种人生选项的存在。书里面有许多自己没有经历过的他人的人生经历和成功经验等。在读别人的成功经验的过程中，我经常会一边读一边感叹，作者原来是这样获得成功的啊！我也会经常发现，"啊，我没有做过这个。"于是，我就会在心中增添新的人生选项，并产生"如果我也这么做，是不是也会顺利成功"的行动力。

我在前文中说过，读他人的成功故事，可以让自己产生"我也要这么试一试"的想法，容易出现促使人采取实际行动的"代理强化"效果。若人生的选项增加，就意味着采取行动的机会也会增加；若采取行动的次数增加，就意味着自己的状况也会发生变化。我觉得，能够给我带来这么多积极感受的是商业类书籍或自我启发类书籍。在享受假日的逍遥自在感时，我会选择读小说，当然看电影也是不错的选择，但是如果想激发做事的行动力，那我还是推荐读商业类书籍或自我启发类书籍。不过，假日读这些书籍，仿佛是在工作一样，有时候也会觉得没意思。此时，可以先关注在社交网络上发布读后感、书评的人的账号，让自己的手机自动接收到"我读过这本书""这本书的这部分内容很不错"之类的信息。那些自己不会主动阅读的专业书的书评，或者那些仅靠自己的力量可能不会接触到的书的书评，有时会让人产生去"读一读"那本书的想法。还可以去书店闲逛，去触摸实体书。遇到感兴趣的书，就马上买回家。虽然在亚马逊购物网站上买书很方便，但网购图书的缺点是，即使买了想读的书，还需要等一天或者好几天，书才能寄到家里。读书的欲望在"想读"时是最强烈的，这种欲望会随着时间的流逝不断降低，等网上买的书拿到手时，人可能已经没有什么阅读的欲望了。

> **要点 48** 读商业类书籍或自我启发类书籍，可以为我们提供新的人生选项。

49

每周一次唤醒内心的佛祖

无须努力的简单身体放松法

调整呼吸，这是不挑时间也不挑场所的最简单的身体放松方法。具体做法是，将意识集中到平时无意识进行的呼吸上，慢慢地吐气、吸气，如此循环反复。当我们感到不安或者紧张时，呼吸会变得急促，肌肉会紧张，血压会上升，心跳会加速。而当我们感到安心放松时，呼吸会放缓，肌肉会放松，血压会降低，心跳也会放缓。人类虽然没法控制血压和心跳，但是可以控制呼吸。换言之，调整呼吸可以起到调节身体的作用。

有许多证据表明，正念（一种内心的状态，将意识集中在现在的"这个瞬间"，不对现在发生的事情做出好坏的评价或者情感反应）和冥想对身体或情绪有积极的调节作用，对此感兴趣的人可以好好实践一下这些方法。即便只有一点点时间，"将注意力集中在呼吸上"也能对情绪产生积极的效果。具体做法是，先深深地吐气。吐气时，腹部收缩，然后慢慢地吐气，这个过程大概持续5秒钟左右，可以在大脑里慢慢地数数"1、2、3、4、

5"。此时最重要的是，将意识全部集中到吐气上。吐气完毕后，再吸气。如此这般反复几次。如果能放空思绪，不思考其他事情，效果会更好。当然，瞬间进入无意识状态是很困难的，但是将意识集中在呼吸上，可以让人渐渐地不去思考其他事情。在休息日早上或者其他时候，不妨花上几分钟时间，全身心地感受一下呼吸过程。

　　就集中意识这一点而言，打扫卫生有助于放松心情，还可以帮助你进入冥想的状态。人在打扫卫生时，注意力会全神贯注在把眼前的地板、窗户打扫干净上，这样就不会去想那些让自己感到压力的事情了。而且，打扫卫生还有一个优点是，可以看到自己劳动的成果。我在前文说过，自己可以做到的自我效能感会激发人的行动力。积累成功的体验，能够提高自我效能感。只要稍微打扫一下卫生，就能马上看到劳动的成果。比如，擦了窗户后，窗外的风景就会变得清晰，房间里的采光也会明显变好。这些能让人马上看到效果的行动，对于改善心情、放松身体，效果非常好。

> **要点 49**　调整呼吸也是调整身体，请全身心感受自己的呼吸过程。

50

在消极话语后面加上"不过"二字

口头禅的惊人效果会让你大受震撼

50
在消极话语后面加上"不过"二字

"哎呀，好累啊！""要做的事情太多了，真的要疯了。"生活中你会不会不经意间就说出这些消极的话来？或者在每天忙到连轴转后的休息日，会不由自主地唉声叹气。这里需要提醒大家注意的是，我们会在不经意间受到语言的影响。

心理学家理查德·怀斯曼教授曾做过一个实验，调查语言对人造成的影响。怀斯曼发给被试几张写了一些单词的卡片，要求被试用最短的时间将卡片按正确的语序摆放造句。实验总共会发两次卡片，第一次发给被试的单词卡片中有"年轻的""迅速的"等单词，第二次的单词卡片中有"衰老的""迟缓的"等单词。然后，研究者会观察实验结束后被试的步行速度。结果显示，第一次实验结束后，被试的步行速度比第二次的快。在另一个实验中，研究者要求被试摆好卡片后按铃示意研究者。结果发现，当卡片中有"烦躁""急躁"等单词时，被试按铃的次数最多。

如果经常被周围人评价为你是一个恪守时间的人，那么这个人会真的变得恪守时间，变得严格遵守约定时间或截止日期。如果经常被人说"你总是迟到。时间观念很薄弱啊"，那么这个人容易变得不遵守约定时间。这种为了回应对方的期待而采取某种行动的心理被称为"再构法"。也就是说，人的行为会在无意识中受到语言的影响，自己说出口的话同样也会对自己造成影响。比如，说"好累"时，人会出现很累的表情和姿势；说"我很好"时，无意识中表情会变得阳光，身姿也会变得挺拔。因此，必须十分注意说话时语言的措辞。

当然，生活中不知不觉地说出一些消极的话也是很正常的。那么，怎么做才能挽回由此造成的不好影响呢？方法是，在意识到自己不小心说出了消极的话时，可以马上接着说"但是"二字。举例而言，在约定见面的地方迟迟没有看到朋友过来，难免就会抱怨"XX总是迟到"。这种抱怨的话让人听了一定感觉不舒服。此时，立马加上"但是"二字，再说后面的话。比如，"XX总是迟到，但是，凡事不着急也是他的优点哈"；"XX总是迟到，但是，他总会提前仔细找好受欢迎的饭店，提前订好餐位"。通过在消极的话语后面加上"但是"二字，可以将看待

50
在消极话语后面加上"不过"二字

事物的视角从消极转变为积极。当人养成这个习惯后,看待事物的方式会变得更加积极向上。思维方式变得积极后,人对于厌恶的工作的态度也会变得积极主动。

每当我觉得"我不想做这个工作"的时候,我就会想:"我不想做这个工作,但是,做完这个工作后,肯定对自己有帮助。自己肯定能获得成长。"一般情况下,我不会只看一个工作目前能带给我什么收益或损失,而是会将眼光放长远。如此一来,无论是什么工作,我都必定会找到"答案"。找到"答案"后,我就会对工作迸发出超强的行动力。

> **要点 50** 注意说话时语言措辞要积极向上。如果不小心说了消极的话,马上加上"但是"二字,再思考怎么说后面的话。

结　语

　　谢谢你读完了这本书。最后请允许我谈一下我写这本书的初衷。

　　我硕士毕业于英国剑桥大学。在备考剑桥大学时，在入学后预习和复习课程时，以及在撰写硕士学位论文时，我都使用了本书中介绍的行动力提高方法。

　　在申请去海外大学研究生院深造的诸多材料中，最重要的材料是个人陈述"，即自我推荐信。个人陈述中所体现出的包括语言能力在内的学习能力自然会成为重要的评价对象。此外，大学还非常重视个人陈述中的自我展示部分。我在向大学提交的个人陈述中是这样展示自己的：

　　"我的生活曾经过得很坎坷，没有任何希望，但后来我成功地改变了自己。现在，我想给那些像以前的我一样对生活感到绝望的人提供活下去的力量。为了让世界变得更美好，这种力量是不可或缺的。正因为我有过

结　语

与他们相同的经历，所以我想我能够帮助他们走出困境。为了让丧失生活动力甚至有自杀倾向的人变少，我要帮助他们拓展自己的世界，让他们知道，世界上有各种各样的价值观和生活方式，让他们对未来充满希望。"

我硕士毕业已经十多年了，那篇个人陈述中所包含的想法至今几乎没有改变。我现在着手开展的事业多种多样，包括培养全球化领导人才、协助有意出国留学的人、赞助体育事业等。我开展所有工作的根本意图是"协助挖掘人或者团体等所有事物内部所蕴含的价值和可能性，并且进一步把这种价值发扬光大"。

所有的事物都必然有其存在的价值和可能性，只是我们往往忽视了这一点。如果能好好地发挥这些事物的价值，那么不仅本人或者该团体能够找到自己存在的意义，绽放应有的光芒，而且对地区和社会也有很多益处。我想寻找并发扬光大那样的价值。换句话说，我现在所从事的工作基本上都是为了实现我在自我展示中提到的梦想。

我曾经是一个诸事不顺的高中生，让我发生改变的一大原因是，我掌握了本书介绍的提高行动力的"机制"。这些"机制"都是我在反复实践后总结出的经验。我利用这些提高行动力的"机制"考上了大学,完成了海外留学。因此,我觉得介绍这些行动力的"机制",可以帮助到那些"诸事不顺""想改变自己"和"想做点什么"的人激发出自己的各种行动力,并保持下去。利用这些行动力,人可以顺利地完成自己的工作和学习,坚持自己的兴趣爱好,或者为了实现某个目标而努力,或者由此踏入一个崭新的世界,最终发现自己新的价值和可能性。我想,那必将会带给你很大的生活希望。

无论是谁,都有尚待发掘的价值和可能性。如果能够借助本书介绍的"行动力提升法",发现自己的价值和可能性,那对于我这个作者来说,就是最开心的事情了。

塚本亮
2020 年 8 月

特别附录
APPENDIX

忙碌时，只要这样做，
就能让人的做事行动力倍增

超强行动力要点总结

超强工作

要点 1：清晨起床后，用自己喜欢的香味的洗发水和沐浴露，冲一个夏天 40 摄氏度、冬天 43 摄氏度的热水澡！

要点 2：在不想去公司上班的早上，设定一个不同于去公司上班的其他"目标"！

要点 3：相较于被时间追赶，追逐时间更能激发人的行动力。

要点 4：早上在公司，与擦肩而过的同事或上司打个招呼，聊一会儿天！

要点 5：细分每日工作，并将它们全部写到便签上，让工作量可视化。做完的工作便签不要扔掉，留下来放到另一边。

要点 6：一大早就要处理掉令人厌烦的事情！

要点 7：工作中总会遇到障碍和困难，这时，不仅需要想象积极的一面，还需要提前预测可能出现的障碍和困难，这样工作起来才会更有行动力。

要点 8：通过活动身体或大脑，激发行动力。"先动起来"很重要。

要点 9：将不想做的工作暂且放到一边，想一些"完全不相干的事情"！

要点 10：将汇报展示的目标难度降低到"只需说要点即可"的程度，可以激发工作的行动力。

要点 11：掌握做事的方法可以激发做事的行动力！为了激发行动力，先收集信息！

要点 12：在不知道做事的方法而丧失行动力时，不妨模仿成功人士。

要点 13：强行依靠意志力来消除困意是不可行的。出去散会儿步，呼吸一下新鲜空气吧。

要点 14：到了傍晚时分，改变一下环境，设定完成工作的时间，把工作变成"必须在规定时间内完成的游戏"。

反惰性
50 个方法让你具有超强行动力

超强学习

要点 15：只要开始行动了，"行动力"就会源源不断地迸发出来。为了能够开始，可以先降低目标的难度。

要点 16：为了克服"不想做可能造成损失的事情"的心理，关键是要先树立一个"不会造成损失的目标"。

要点 17：有意将学习中使用的参考书或习题集放在随处可见的地方。

要点 18：疲于学习时，快步走到附近的咖啡店去。

要点 19："专注 60 分钟──→休息 10 分钟──→专注 30 分钟──→休息 5 分钟"，设定好专注与休息的时间间隔并不断重复该组时间安排。

要点 20：敢于中途暂停学习。

要点 21：让人感到"满足"并丧失行动力的奖励会起到反作用。因此，要准备既能让人感到满足又能让人产生行动力的奖励。

要点 22：试想一下努力学习后自己会成为什么样的人，具体写下或画出自己理想的模样。

要点 23：觉得"很顺利""成功了"的时候，马上检查自己当时正在使用的或穿戴的物品。

要点 24：读不进书的人可以选择读纸质书而非电子书，并且每天随身携带纸质书。

要点 25：关注与自己处境相同的人或与自己目标一样的人的社交网络账号。

要点 26：向他人倾诉自己的烦恼或想法，有助于恢复学习行动力。

超强体魄

要点 27：不能只是很抽象地"想变瘦""想更紧致一些"，而是要明确自己想要拥有的理想身材是什么样子的。

要点 28：想减肥塑形的话，关键是要找到具体的理想身材榜样，并以那个人为目标，努力减肥健身。

要点 29：减肥时，不要只执着于减轻体重，同时还要看体脂率、肌肉量。

要点 30：人一旦付出了金钱，花费了时间，就会产生"收回成本"的想法。运动、减肥时要好好地利用这种心理。

要点 31：当你觉得运动、减肥枯燥无味时，可以准备其他的奖励。那份奖励将催人奋进。

要点 32：为了养成早起晨练的习惯，应尽可能地将从起床到运动的整个过程细分为一个个简单的步骤。

要点 33：有意制造不晨练就无法解决的"痛苦情境"。

要点 34：在健身房运动时，可同步收集信息，保持刺激。

要点 35：如果有"想戒掉"的食物，可以反其道而行之，故意吃到恶心为止。

要点 36：戒掉深夜暴食的诀窍就是，不要在家里放置可以诱惑自己的东西，不要囤购食品。

要点 37：之所以想做却总是做不到，是因为没有创造出好的环境。可以借用他人的力量创造出不得不做的环境。

要点 38：如果想要减肥成功，就要敢于制造"暴露在众人眼前"的情境。

超强放松

要点 39：品尝热饮会让人变得积极，对他人或者事物也会更加宽容了。

要点 40：认真洗手，洗掉心灵的"污垢"，会让人变得乐观。

要点 41：沐浴着阳光做运动，可以增加五羟色胺的分泌，这将改善睡眠质量。

要点 42：做拉伸运动，不妨以肩胛骨部位为中心进行。

要点 43：日常生活中的新刺激可以激发行动力。去大自然里放松，还能"一箭双雕"——缓解压力和增强行动力。

要点 44：为他人花钱可以提升人的幸福感。花钱买体验比花钱买东西更能提升人的幸福感。

要点 45：即使只是与久违的朋友交流近况，也能激发人的行动力。

要点 46：去看自己支持的队伍的比赛，仅仅是看运动员比赛，也会产生宛如自己在比赛一样的感觉。

要点 47：为了摆脱"海螺小姐综合征"，可以在星期一安排一点愉快的行程，或者在星期日晚上，与"优质竞争对手"朋友一起吃个饭。

要点 48：读商业类书籍或自我启发类书籍，可以为我们提供新的人生选项。

要点 49：调整呼吸也是调整身体，请全身心感受自己的呼吸过程。

要点 50：注意说话时语言措辞要积极向上。如果不小心说了消极的话，马上加上"但是"二字，再思考怎么说后面的话。